金沙江下游向家坝、溪洛渡水库地震判识方法研究

於三大　姚孟迪　曾新翔　杜泽东　常廷改　著

中国水利水电出版社
www.waterpub.com.cn
·北京·

内 容 提 要

　　本书较为系统地介绍了中国长江三峡建设管理有限公司与中国水利水电科学研究院联合研究小组在金沙江下游向家坝、溪洛渡工程水库地震判识方法研究方面的主要工作。全书共分上下两篇共 12 章：第 1、2 章，介绍相关水库地震危险性预测成果以及实测的地震事件数据；第 3 章，针对水库蓄水前后库区震情的变化特征，依据传统的判别方法，对发生在不同区段内的地震进行水库诱发地震类型判别，并对库区地震根据地震的类型不同进行归类；第 4、5、6、7 章，利用数字化地震波形数据，分别进行地震波时频分析、震源参数分析和地震波特征分析等，再根据不同震级大小、不同震源深度、不同震中距研究分析其量化统计指标；第 8、12 章，总结归纳具有代表性的、能够区分不同类型地震的量化数据，形成识别不同类型水库地震的量化指标体系；第 9、10、11章结合向家坝水电站水库蓄水后库区震情的变化，通过地震波谱分析，检验相关量化指标确定的合理性。本书可供水利水电工程设计施工运行管理、水库地震台网监测人员和抗震防护科研人员使用，也可供大专院校相关专业师生参考。

图书在版编目（ＣＩＰ）数据

　　金沙江下游向家坝、溪洛渡水库地震判识方法研究 /
於三大等著. -- 北京 : 中国水利水电出版社，2023.12
　　ISBN 978-7-5226-2080-0

　　Ⅰ．①金… Ⅱ．①於… Ⅲ．①金沙江－下游－水库地
震－地震预测－研究 Ⅳ．①TV145

中国国家版本馆CIP数据核字(2024)第012867号

书　　名	**金沙江下游向家坝、溪洛渡水库地震判识方法研究** JINSHA JIANG XIAYOU XIANGJIABA，XILUODU SHUIKU DIZHEN PANSHI FANGFA YANJIU	
作　　者	於三大　姚孟迪　曾新翔　杜泽东　常廷改　著	
出版发行	中国水利水电出版社 （北京市海淀区玉渊潭南路 1 号 D 座　100038） 网址：www.waterpub.com.cn E-mail：sales@mwr.gov.cn 电话：（010）68545888（营销中心）	
经　　售	北京科水图书销售有限公司 电话：（010）68545874、63202643 全国各地新华书店和相关出版物销售网点	
排　　版	中国水利水电出版社微机排版中心	
印　　刷	天津嘉恒印务有限公司	
规　　格	184mm×260mm　16 开本　14.5 印张　326 千字	
版　　次	2023 年 12 月第 1 版　2023 年 12 月第 1 次印刷	
印　　数	001—800 册	
定　　价	**98.00 元**	

《金沙江下游向家坝、溪洛渡水库地震判识方法研究》编写人员

中国三峡建工（集团）有限公司：

於三大　姚孟迪　杜泽东　董先勇　雷红富　张　锋

师义成　秦蕾蕾　游家兴

中国水利水电科学研究院：

曾新翔　常廷改　胡　晓　张艳红　杨　磊　高建勇

张立红　杨　陈　吕　玮　刘国庆

前　言

　　水库地震（Reservoir Induced Seismic）是指在特殊的地震地质环境下，由于水库蓄水等人类活动引起库区及其周边邻近区域（地下水能产生影响的范围内）出现的地震现象，包括由此产生地震活动性的增强或减弱。由上述定义可以看出，水库地震的发生有两个必要条件：一是要有特殊的地震地质环境，即在蓄水活动引起的水位变化影响范围内有孕震断层或其他孕育地震的地质条件；二是要有水库蓄水或水位变化等人为改变局部自然环境的活动存在，二者缺一不可。

　　水库地震研究始于 20 世纪 60 年代，在相继发生 4 个 Ms6.0 级以上的水库地震震例后，才引起了人们的重视：①1962 年 3 月中国新丰江水库发生 Ms6.1 级水库地震；②1963 年赞比亚—津巴布韦卡里巴（Kariba）水库发生 Ms6.1 级水库地震；③1966 年希腊克里马斯塔（Kremasta）水库发生 Ms6.2 级水库地震；④1967 年印度柯依纳（Koyna）水库发生 Ms6.5 级水库地震，震中烈度Ⅷ～Ⅸ度。除卡里巴水库外，上述三个地震事件都引发了震害。自此以后，水库地震专题研究逐渐成为大型水利水电工程的常规研究课题之一。截止到 2016 年，全球已有 33 个国家的 144 座水库发生过水库地震，其中发生在中国的有 35 例。

　　水库地震研究早期，因受地震监测技术的限制，多采用定性的方法来判定地震事件是否由水库蓄水所引发：①库区震情与库水位的关系；②地震频次、能量的变化；③地震震中分布范围、震源深度（遵循双十的限定，即地震震中距库边线小于 10km，震源深度小于 10km）；④地震序列类型是否为"前震—主震—余震"型，等等。对水库地震的判别明显滞后于工程实际需求。

　　21 世纪以来，随着工程安全的相关政策、法规日臻完善以及数字化监测技术的广泛应用，一批新建水利水电工程全过程、高精度、数字化记录了水库蓄水前后库区的震情变化，取得了海量数字化地震波形数据。

本书即以向家坝、溪洛渡等两个巨型水电站为例，利用蓄水前后金沙江下游梯级水电站水库地震监测系统近十年测得的数万次地震事件，通过对比分析判断是否诱发了地震及其诱发地震的类型；在此基础上，对地震事件归类，分别提取相应的地震数字波形数据，再对波形数据进行波谱分析，进而归纳总结不同类型水库地震量化指标，以此作为判别不同类型水库地震的依据，实现对水库地震的判别从传能的定性到定量的跨越。

　　本书在项目研究的过程中得到了中国地震局地球物理研究所张洪智研究员、俞瑞芳研究员，云南省地震局毛先进总工、李保华研究员，四川省地震局水库地震研究所戴仕贵所长、杨晓源研究员、韩进研究员，中国电力集团华东勘测设计研究院陆飞教授、石安池教授、许任德教授，中国电力集团成都勘测设计研究院杨建宏总工等单位和领导的大力支持，在此一并表示衷心感谢！

作者

2023 年 12 月

目　录

第二部分　向家坝水库地震判识方法研究

第一部分
溪洛渡水库地震判识方法研究

第 1 章

水库蓄水前后地震基础数据

1.1　研究区历史地震数据整编

地震数据的选取主要考虑其出处的权威性和代表性。所使用的地震数据来源于：①《中国历史强震目录（公元前 23 世纪—公元 1911 年）》，国家地震局震害防御司，1995 年出版；②《中国近代地震目录（公元 1912—1990 年，Ms≥4.7）》，中国地震局震害防御司，1999 年出版；③《中国地震目录（公元前 1831—公元 1969 年）》，顾功叙主编，1983 年出版；④《中国地震历史资料汇编》第一～第五卷，中国地震历史资料编辑委员会总编室，1983、1985 年出版；⑤国家地震局分析预报中心二室、七室的地震磁盘文件等。

关于地震震级，目前最常用的量度指标有近震震级 ML、面波震级 Ms、体波震级 Mb 和振动持续时间震级 MD，对巨大地震的量度还有矩震级 MW 等。根据规定，我国各级地震局对公众发布一律使用面波震级 Ms；本书中由区域地震台网测得的震级数据以 ML 表示。

四川盆地开发早，早期的强震记载多为发生在与其毗邻的山区，其中最早是公元前 26 年（西汉末年）的"犍为郡地震"。自唐代以来，西昌、大理等地相继有个别破坏性地震记载。明代以来，地方志盛行，地震史料日渐丰富，地震破坏的记录也相对较详细。大约自 15 世纪中叶，西昌、盐源、大理、昆明及滇东等地区，对破坏性地震的记载明显增加，可以认为，研究区内的龙门山地震带、安宁河地震带、小江地震带及其以东地区，对破坏性大地震漏记的可能性较小。至 18 世纪初（清代早期），对鲜水河地震带的康定、乾宁、道孚、炉霍也有较详细的地震记载。1900 年以后，仪器记录地震已在世界范围内展开，发生的较大地震在国际地震综合报告中一般都能查到观测数据，我国上海徐家汇天文台地震仪就记录了 1917 年 7 月 31 日发生在云南大关吉利铺的 6¾ 级地震。1970 年以后，我国已有了区域地震台网系统的记录资料，为天然地震本底的统计研究提供了较好的条件。

现按资料的繁简，对金沙江下游及周边地区破坏性地震进行统计，结果见表 1.1（其中第一、第二时段之间以 1467 年和 1478 年两次盐源地震为界），具体参数见表 1.2。

表 1.1　　　　　　　　　　　研究区历史地震不同震级统计

时　间	震　级				合计
	5.0～5.9	6.0～6.9	7.0～7.9	8.0～8.9	
814—1466 年	5	2	0		7
1467—1899 年	59	26	5	1	91
1900—1969 年	78	27	4	0	109
1970—1999 年	124	13	3	0	140
合　　计	266	68	12	1	347

表 1.2　　　　　　　　　814—1999 年研究区 6 级以上地震目录

（纬度：25°40′～31°00′N，经度：101°00′～105°30′E）

发震时间	地震参数（分析预报中心）				地震参数（中国历史强震目录）				
年 - 月 - 日	纬度	经度	震级	烈度	纬度	经度	震级	震中烈度	参考地名
814 - 04 - 02	27°54′	102°12′	6.50		27.9°	102.2°	7	Ⅸ	西昌
1216 - 03 - 17	28°18′	103°36′	6.50		28.4°	103.8°	7	Ⅸ	雷波马湖
1467 - 01 - 19	27°06′	101°30′	6.50	8	27.5°	101.6°	6½	Ⅷ	盐源
1500 - 01 - 04	24°54′	103°06′	6.75	9	24.9°	103.1°	▽7	▽Ⅸ	宜良
1511 - 06 - 01	26°36′	100°42′	6.75	9	26.7°	100.7°	7½	Ⅹ	永胜西北红石崖
1514 - 05 - 29	25°42′	100°12′	6.25	8	25.7°	100.2°	6½	Ⅷ＋	大理
1515 - 06 - 17	26°36′	100°12′	7.00	9	26.7°	100.7°	7¾	Ⅹ	永胜西北
1515 - 10 -—	25°42′	100°12′	6.00	8	25.7°	102.2°	6	Ⅷ—	大理
1536 - 03 - 20	28°06′	102°06′	7.25	10	28.1°	102.2°	7½	—	西昌北
1571 - 09 - 09	24°06′	102°42′	6.00		24.1°	102.8°	6¼	Ⅷ	通海
1588 - 08 - 09	24°00′	102°48′	6.00	8	24.0°	102.8°	▽7	Ⅹ＋	建水曲溪
1623 - 05 - 04	25°30′	100°30′	6.00	7 - 8	25.5°	100.4°	6¼	Ⅷ	祥云西北
1652 - 07 - 13	25°24′	100°30′	6.75	9	25.2°	100.6°	7	Ⅹ＋	弥渡南
1680 - 09 - 09	25°00′	101°30′	6.75	8 - 9	25.0°	101.6°	6¾	Ⅸ	楚雄
1713 - 02 - 26	25°24′	103°12′	6.75	9	25.6°	103.3°	6¾	Ⅸ	寻甸
1725 - 01 - 08	25°06′	103°06′	6.00	8	25.1°	103.1°	6¾	Ⅸ	宜良、嵩明间
1725 - 08 - 02	30°06′	101°54′	6.00	8	30.0°	101.9°	7	Ⅸ	康定
1732 - 01 - 29	27°42′	102°12′	6.75	9	27.7°	102.4°	6¾	Ⅸ	西昌东南
1733 - 08 - 02	26°12′	103°06′	7.50	10	26.3°	103.1°	7¾	Ⅹ	东川紫牛坡
1748 - 08 - 30	30°24′	101°36′	6.00	7	30.4°	101.6°	6½	Ⅷ	道孚、乾宁
1750 - 09 - 15	24°42′	102°54′	6.00	8	24.7°	102.9°	6¼	Ⅷ	澄江
1755 - 01 - 27	24°42′	102°12′	6.50	8	24.7°	102.2°	6½	Ⅷ＋	易门

发震时间	地震参数（分析预报中心）				地震参数（中国历史强震目录）				
年－月－日	纬度	经度	震级	烈度	纬度	经度	震级	震中烈度	参考地名
1755－02－08	23°48′	102°42′	6.00	8	23.7°	102.8°	6	Ⅷ－	石屏东
1761－05－23	24°24′	102°30′	6.00	8	24.4°	102.6°	6¼	Ⅷ	玉溪北古城
1761－11－03	24°24′	102°30′	6.00	7	24.4°	102.6°	5¾	Ⅶ＋	玉溪
1763－12－30	24°18′	102°48′	6.50	8	24.2°	102.8°	6½	Ⅷ＋	江川、通海间
1786－06－01	29°48′	102°06′	7.50	9	29.9°	102.0°	7¾	▽Ⅹ	四川康定
1789－06－07	24°12′	102°48′	6.50	9	31.0°	102.9°	7	Ⅸ＋	华宁
1799－08－27	23°48′	102°24′	6.50	8－9	23.8°	102.4°	7	Ⅸ	石屏宝秀
1803－02－01	25°36′	100°36′	6.00	7－8	25.7°	100.5°	6¼	Ⅷ	宾川、祥云
1814－11－24	23°42′	102°30′	6.00	7－8	23.7°	102.5°	6	Ⅷ	石屏
1833－09－06	25°12′	103°00′	8.00	11	25.0°	103.0°	8	▽Ⅹ	嵩明杨林
1850－09－12	27°48′	102°18′	7.50	10	27.7°	102.4°	7½	Ⅹ	西昌、普格间
1887－12－16	23°42′	102°30′	6.75	9	23.7°	102.5°	7	Ⅸ＋	石屏
1901－02－15	26°00′	100°06′	6.00	8	26.0°	100.1°	6½	Ⅷ＋	邓川东西
1909－05－11	24°24′	103°00′	6.50	8	24.4°	103.0°	6½	Ⅷ＋	华宁、弥勒间
1913－08	28°24′	102°18′	6.00	8	28.7°	102.2°	6	Ⅷ	冕宁
1913－12－21	24°09′	102°27′	7.00	9	24.9°	102.7°	7	Ⅸ	峨山
1913－12－22	24°12′	102°30′	6.00		24.2°	102.5°	6	－	峨山
1917－07－31	28°00′	104°00′	6.75	9	28.0°	104.0°	6¾	Ⅸ	大关北
1925－03－16	25°42′	100°24′	7.00		25.7°	100.4°	7	Ⅸ＋	大理附近
1925－03－17	25°00′	100°30′	6.25		25.0°	100.5°	6¼	－	南涧附近
1925－10－15	26°54′	108°06′	6.00		26.7°	100.1°	6		丽江
1927－03－15	26°00′	103°00′	6.00	8	26.0°	103.0°	6	Ⅷ	寻甸
1929－03－22	24°00′	103°00′	6.00		24.0°	103.0°	6	－	通海
1930－05－15	26°48′	103°00′	6.00	7－8	26.8°	103.0°	6	Ⅶ－Ⅷ	巧家南
1932－03－06	30°06′	101°48′	6.00	8	30.1°	101.8°	6	Ⅷ	康定
1934－01－12	23°42′	102°42′	6.00	8	23.7°	102.7°	6	Ⅷ	石屏
1935－04－28	29°24′	102°18′	6.00	7－8	－	－	－	－	
1935－12－18	28°42′	103°36′	6.00	8	28.7°	103.6°	6	Ⅷ	马边
1935－12－19	29°06′	103°18′	6.00		29.1°	103.3°	6		马边
1936－04－27	28°42′	103°12′	6.00		28.7°	103.2°	6	－	马边
1936－04－27	28°54′	103°36′	6.75	9	28.7°	103.7°	6¾	Ⅸ	马边

续表

| 发震时间 | 地震参数（分析预报中心） | | | | 地震参数（中国历史强震目录） | | | | |
年-月-日	纬度	经度	震级	烈度	纬度	经度	震级	震中烈度	参考地名
1936 – 05 – 16	28°30′	103°36′	6.75		28.5°	103.6°	6¾	—	马边
1940 – 04 – 06	23°54′	102°18′	6.00	8	23.9°	102.3°	6	Ⅷ	石屏
1941 – 06 – 12	30°06′	102°30′	6.00		30.1°	102.5°	6	—	泸定
1948 – 05 – 25	29°30′	100°30′	7.30	10	29.5°	100.5°	7.3	Ⅹ	理塘
1952 – 09 – 30	28°18′	102°12′	6.75	9	28.3°	102.2°	6¾	Ⅸ	冕宁、石龙
1955 – 04 – 14	30°00′	101°48′	7.50	9	30.0°	101.8°	7½	Ⅹ	康定折多塘
1955 – 06 – 07	26°30′	101°06′	6.00	8	26.5°	101.1°	6	Ⅷ	华坪西桥顶山
1955 – 09 – 23	26°36′	101°48′	6.75	9	26.6°	101.8°	6¾	Ⅸ	永仁、会理
1962 – 06 – 24	25°12′	101°12′	6.20	7+	25.2°	101.2°	6.2	Ⅶ+	云南南华
1966 – 02 – 05	26°06′	103°06′	6.50	9	26.1°	103.1°	6½	Ⅸ	云南东川
1966 – 02 – 13	26°06′	103°06′	6.20		26°06′	103°06′	6.2	Ⅶ–Ⅷ	云南东川
1966 – 09 – 28	27°30′	100°06′	6.40	9	27.5°	100.1°	6.4	Ⅸ	云南中甸东
1970 – 01 – 05	24°06′	102°36′	7.80		24°12′	102°41′	7.8	Ⅹ+	云南通海
1971 – 08 – 16	28°48′	103°36′	6.10		28°53′	103°47′	5.9	Ⅶ–	四川马边
1971 – 08 – 17	28°49′	103°40′	6.10		28°54′	103°47′	5.7	—	四川马边东
1972 – 09 – 27	30°11′	101°39′	6.10		30.4°	101.7°	5.6	Ⅶ	康定西北
1972 – 09 – 30	30°10′	101°35′	6.10		30.4°	101.9°	5.7	—	康定北
1974 – 05 – 11	28°06′	104°00′	7.20		28.2°	104.1°	7.1	Ⅸ	云南大关北
1974 – 06 – 15	28°18′	104°03′	6.10		28.4°	104.2°	5.7		云南大关北
1975 – 01 – 15	29°26′	101°48′	6.50		29.4°	101.9°	6.2	—	四川九龙东北
1976 – 11 – 07	27°30′	101°05′	6.90		27.6°	101.1°	6.7	Ⅸ	四川盐源西北
1976 – 12 – 13	27°21′	101°03′	6.60		27.4°	101.0°	6.4	Ⅷ	四川盐源西南
1979 – 03 – 15	23°07′	101°15′	7.00		23.2°	101.1°	6.8	Ⅸ	云南普洱
1981 – 09 – 19	23°01′	101°21′	6.00		23.02°	101.46°	6.0	Ⅶ	云南普洱
1985 – 04 – 18	25°54′	102°54′	6.10		25.89°	102.93°	6.2	Ⅷ	云南禄劝东北
1993 – 01 – 27	23°06′	101°06′	6.50		22°56′	101°04′	6.3	Ⅷ	云南普洱
1994 – 12 – 30	29°01′	103°39′	6.00		29°01′	103°39′	5.7	Ⅶ	四川沐川
1995 – 10 – 24	25°50′	102°19′	6.70		25°50′	102°19′	6.5	Ⅸ	云南武定
1996 – 02 – 03	27°18′	100°13′	7.20		27°18′	100°13′	7.0	Ⅸ	云南丽江
1996 – 02 – 05	27°00′	100°18′	6.30		27.1°	100.2°	5.8	—	云南丽江
1998 – 11 – 19	27°14′	100°59′	6.20		27°18′	100°54′	6.2	Ⅷ	宁蒗、盐源

1.2 研究区现今中强地震

根据中国地震局分析预报中心目录，2000 年 1 月—2008 年 12 月发生在研究区 5 级以上地震见表 1.3；国家地震科学数据共享中心 2009 年 1 月—2017 年 12 月，研究区中强地震参数见表 1.4。2000—2017 年金沙江下游地区地震震中空间分布见图 1.1。

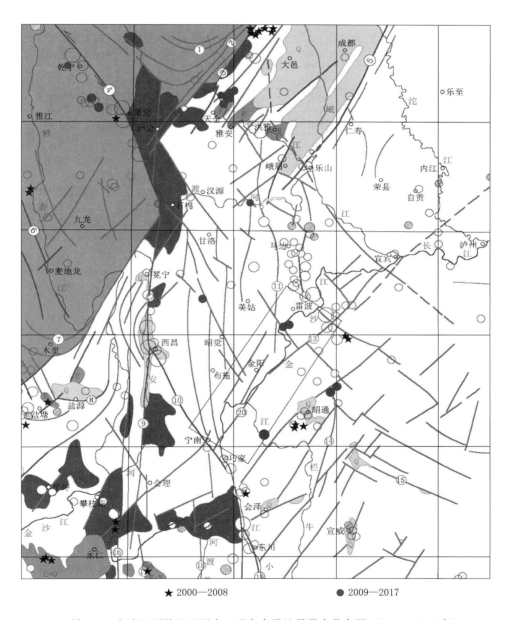

★ 2000—2008 ● 2009—2017

图 1.1 金沙江下游地区历史、现今中强地震震中分布图（2000—2017 年）

表 1.3　　　　　　　　　中国地震局分析预报中心中强地震参数

（纬度：25°40′～31°00′N，经度：101°00′～105°30′E）

发震时间	纬度	经度	震级	参考地名
2003 - 11 - 26 21：38	27°12′	103°38′	5.0	鲁甸
2006 - 08 - 25 13：51	28°02′	104°06′	5.0	盐津
2000 - 08 - 21 21：25	25°49′	102°13′	5.1	武定
2003 - 08 - 21 10：17	27°25′	101°16′	5.1	盐源
2003 - 11 - 01 2：09	25°56′	101°13′	5.1	大姚
2006 - 07 - 22 9：10	28°01′	104°08′	5.1	盐津
2005 - 09 - 05 21：14	27°11′	103°43′	5.2	昭通 Ms4.6
2003 - 11 - 15 2：49	27°10′	103°37′	5.4	鲁甸
2005 - 08 - 05 22：14	26°33′	103°09′	5.4	会泽
2001 - 02 - 14 15：27	29°24′	101°05′	5.5	雅江
2003 - 10 - 16 20：28	25°55′	101°18′	6.1	大姚
2003 - 07 - 21 23：16	25°57′	101°14′	6.2	大姚
2001 - 02 - 23 8：09	29°25′	101°06′	6.3	雅江
2008 - 02 - 27 1：49	30°06′	101°55′	5.0	康定
2008 - 05 - 12 15：13	30°56′	103°12′	5.0	汶川
2008 - 05 - 12 18：23	30°56′	103°17′	5.0	汶川 Ms5.
2008 - 05 - 12 15：31	30°55′	103°24′	5.2	崇州
2008 - 08 - 31 17：34	26°13′	101°55′	5.2	会理
2008 - 05 - 12 23：28	31°00′	103°20′	5.3	汶川 Ms5.
2008 - 06 - 11 6：23	30°54′	103°15′	5.4	汶川 Ms5.
2008 - 08 - 31 16：31	26°13′	101°54′	5.9	攀枝花 Ms
2008 - 05 - 13 15：07	30°57′	103°12′	6.1	汶川 Ms6.
2008 - 08 - 30 16：30	26°17′	101°55′	6.4	攀枝花 Ms
2008 - 05 - 12 14：28	31°00′	103°24′	8.0	汶川 Ms8.

表 1.4　　　　　　　　　国家地震科学数据共享中心中强地震参数

（纬度：25°40′～31°00′N，经度：101°00′～105°30′E）

发震时间	纬度/(°)	经度/(°)	震级	参考地名
2010 - 04 - 28 4：22	30.6	101.45	Ms5.0	四川道孚
2012 - 09 - 07 11：19	27.51	103.97	Ms5.7	云南彝良
2012 - 09 - 07 12：16	27.56	104.03	Ms5.6	云南彝良

发 震 时 间	纬度/(°)	经度/(°)	震级	参 考 地 名
2013－04－20 8：02	30.3	102.99	Ms7.0	四川芦山
2013－04－20 8：07	30.32	102.92	ML5.0	四川芦山
2013－04－20 11：34	30.24	102.94	Ms5.4	四川芦山
2013－04－21 4：53	30.36	103.05	ML5.0	四川芦山
2013－04－21 17：05	30.34	103	Ms5.4	四川芦山
2014－04－05 6：40	28.14	103.57	Ms5.1	云南永善
2014－08－03 16：30	27.11	103.33	Ms6.6	云南鲁甸
2014－08－17 6：07	28.12	103.51	Ms5.2	云南永善
2014－10－01 9：23	28.38	102.74	Ms5.2	四川越西
2014－11－22 16：55	30.29	101.68	Ms6.4	四川康定
2014－11－25 23：19	30.2	101.75	Ms5.9	四川康定
2015－01－14 13：21	29.3	103.2	Ms5.0	四川金口河

1.3　研究区微震目录和数据库

金沙江下游地区震微目录主要参考中国地震分析预报中心和国家地震科学数据共享中心提供的数据。自 20 世纪 70 年代以来，研究区共取得地震记录 105103 次，震级分布统计见表 1.5，震中分布见图 1.2。

表 1.5　　　　　研究区历史地震不同震级统计（1970—2017 年）

（纬度：25°40′～31°00′N，经度：101°00′～105°30′E）

震　　级	1970—1988	1989—2006	2007—2008	2009—2012	2013—2014	2015—2017	合计
0～1.9	7387	10515	4103	14287	23147	18855	78294
2.0～2.9	11946	7018	1548	719	1014	631	22876
3.0～3.9	1513	1209	266	95	176	79	3338
4.0～4.9	176	114	78	33	46	22	469
5.0～5.9	59	25	8	3	8	1	104
6.0～6.9	10	5	2	0	2	0	19
7.0～7.9	1	0	0	0	1	0	2
8.0～8.9	0	0	1	0	0	0	1
总计	21092	18886	6006	15137	24394	19588	105103

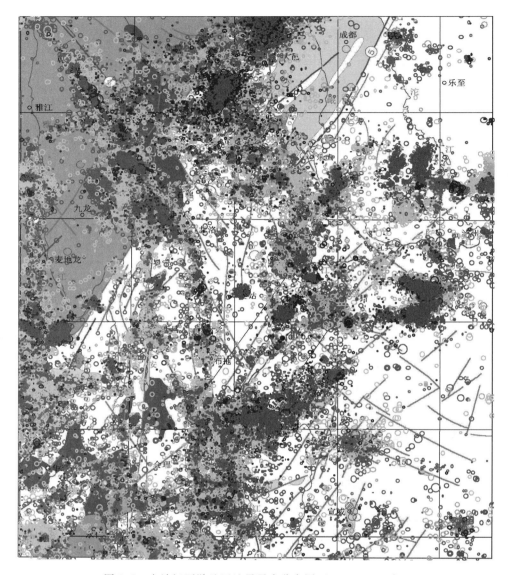

图 1.2　金沙江下游地区地震震中分布图（1970—2017 年）

1.4　金沙江下游水库地震监测系统

1.4.1　金沙江下游梯级水电站水库诱发地震危险性预测

向家坝库区潜在水库诱发地震活动分为四类危险区。第一类危险区为刘家坪至黄毛坝库段（约 30km），诱发地震强度 M≤5.0 级；第二类危险区为龙桥附近库段（约 10km），诱发地震强度 M≤4.0 级；第三类危险区为坝址至楼东库段（约 7.5km），诱发地震强度 M≤3.0 级；其他库段为诱发地震震级较小的第四类危险区。

溪洛渡库区潜在水库诱发地震活动分为三类危险区。第一类危险区为吴家田坝-黄华库段（约 42km）、金阳河口库段和牛栏河口库段（约 34km），诱发地震强度 M≤5.0 级；第二类危险区为坝址—吴家田坝库段（约 14km），诱发地震强度 M≤3.0 级；其他库段为诱发地震震级较小的第三类危险区。

白鹤滩库区潜在水库诱发地震活动分为三类危险区。第一类危险区为莲花塘库段（约 13km）、黄坪库段（约 13km），诱发地震强度 M≤6.0 级；第二类危险区为则木河支库库段（约 11km）、干河沟—库尾段（约 25km），诱发地震强度 M≤5.0 级；其他库段为诱发地震震级较小的第三类危险区。

乌东德库区潜在水库诱发地震活动分为三类危险区。第一类危险区为汤郎—易门断裂、磨盘山—元谋断裂所通过的库区，诱发地震强度 M＝5.0 级；第二类危险区为坝址上游 0～10km 和 13～28km 两段，诱发地震强度 M≤5.0 级；其他库段为诱发地震震级较小的第三类危险区。

四个水电站工程场地地震安全性评价工作的地震、地质调查和分析结果表明，工程区域范围内构造地震活动强烈，存在发生超过 7.5 级地震的可能性。区域范围内主要的断裂带中，乐山—宜宾断裂带和莲峰—华蓥山断裂带存在发生高达 6.0 级地震的可能性，大凉山断裂带和磨盘山—元谋断裂带存在发生高达 7.0 级地震的可能性，而马边—盐津断裂带、则木河断裂带、小江断裂带均存在发生超过 7.5 级地震的可能性。

金沙江下游地区水库诱发地震危险性预测结果见图 1.3。

1.4.2 台网规模和台站分布

金沙江下游梯级水电站水库地震监测系统由 73 个固定测震台站（其中 42 个含强震测项）（已建 53 个）、26 个强震动观测台站、4 个管理分中心和 1 个网络管理总中心组成，沿金沙江两岸分布，具体位置见图 1.4。

向家坝、溪洛渡库区地震监测台站共计 35 个，每个台站的信息见表 1.6。

表 1.6　　　　　　　　　向家坝、溪洛渡库区地震监测台站信息表

序号	台站名称	台站代码	纬度/(°)	经度/(°)	高程/m	台基岩性
1	润坝村	RBC	28.58	104.44	496.00	砂岩
2	马鞍山	MAS	28.67	104.42	675.00	砂岩
3	石城山	SCS	28.52	104.33	718.00	砂岩
4	大金号	DJH	28.63	104.28	509.00	砂岩
5	岩峰寺	YFS	28.73	104.21	946.00	砂岩
6	天仙村	TXC	28.65	104.11	826.00	砂岩
7	后坝村	HBC	28.57	103.96	785.00	灰岩

序号	台站名称	台站代码	纬度/(°)	经度/(°)	高程/m	台基岩性
8	八占地	BZD	28.32	103.93	766.00	砂岩
9	大窝背	DWB	28.60	103.88	912.00	板岩
10	水井湾	SJW	28.32	103.87	544.00	砂岩
11	青胜	QST	28.44	103.84	1045.00	灰岩
12	下耳坪	XEP	28.67	103.81	865.00	砂岩
13	团结	TJT	28.50	103.80	803.00	灰岩
14	马湖台	MHT	28.43	103.76	1210.00	灰岩
15	丝泥坪	SNP	28.33	103.75	1515.00	玄武岩
16	土地凹	TDO	28.51	103.71	958.00	砂岩
17	白沙	BSAT	28.20	103.60	1195.00	玄武岩
18	永盛	YSET	28.25	103.70	1164.00	砂岩
19	吞都	TDT	28.20	103.66	1176.00	砂岩
20	汶水	WST	28.31	103.61	1513.00	玄武岩
21	乌角	WJAT	28.24	103.54	1064.00	灰岩
22	百盛	BSET	28.15	103.52	1332.00	灰岩
23	务基	WJIT	28.12	103.51	1356.00	灰岩
24	小务基	XWJT	28.10	103.43	1021.00	灰岩
25	黄华	HHT	27.99	103.53	1229.00	灰岩
26	元宝山	YBST	27.94	103.48	1441.00	灰岩
27	万和	WHT	27.76	103.48	1651.00	灰岩
28	洛觉	LUOJ	27.79	103.37	2276.00	灰岩
29	码口	MKT	27.63	103.30	1539.00	灰岩
30	木府	MFT	27.60	103.20	1543.00	灰岩
31	炎山	YANS	27.51	103.21	2138.00	玄武岩
32	春江	CJTT	27.49	103.14	1732.00	灰岩
33	对坪	DUIP	27.46	103.06	1698.00	灰岩
34	田坝	TBT	27.42	103.18	2381.00	灰岩
35	东坪	DONP	27.36	103.07	1930.00	灰岩

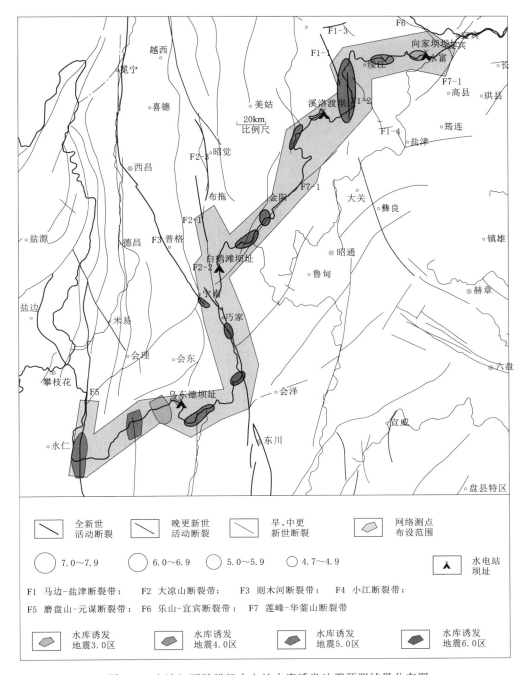

图 1.3 金沙江下游梯级水电站水库诱发地震预测结果分布图

1.4.3 台网监测成果

金沙江下游梯级水电站水库地震监测系统 2008 年 8 月正式投入运行，经历了 2008 年
8 月 30 日攀枝花市 6.1 级、2010 年 8 月 29 日巧家 4.8 级、2012 年 9 月 7 日昭通 5.7 级和

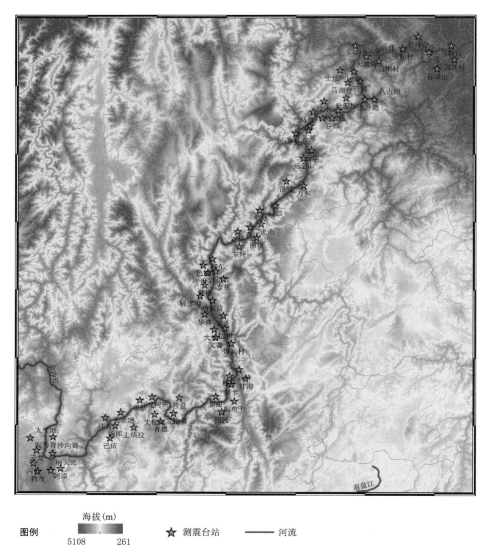

图 1.4　金沙江下游梯级水电站水库地震监测系统强震动观测台站、测震台站分布图

5.6 级、2013 年 2 月 19 日巧家 4.9 级、2014 年 4 月 5 日永善 5.3 级、8 月 3 日鲁甸 6.5 级和 8 月 17 日永善 5.0 级地震的考验，取得地震记录约 5 万余次，强震记录 1 千余条，最大峰值加速度为 234.4gal，启动流动观测 3 次，现场宏观地震调查 6 次，为金沙江下游区域的抗震安全提供了技术支撑。向家坝水电站和溪洛渡水电站分别于 2012 年 10 月 10 日和 2013 年 5 月 4 日下闸蓄水，监测系统运行以来至 2017 年 12 月 31 日，台网共记录到 51224 次地震，其中：小于 ML1.0 级地震 24684 次，ML1.0～1.9 级 19910 次，ML2.0～2.9 级 5577 次，ML3.0～3.9 级 938 次，ML4.0～4.9 级 55 次，ML5.0～5.9 级 14 次，ML6.0～6.9 级 1 次，监测区内监测到的最大地震为 2014 年 8 月 17 日云南鲁

间 Ms6.5 级地震。地震震中分布见图 1.5。

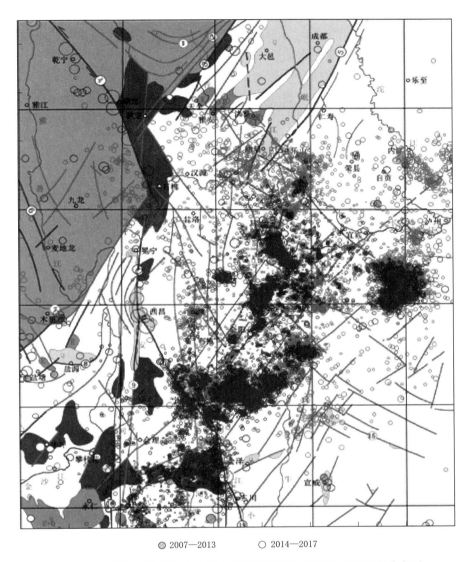

● 2007—2013　　　○ 2014—2017

图 1.5　金沙江下游梯级水电站水库地震监测系统记录地震震中分布图

1.5　溪洛渡水电站库区地震精定位

1.5.1　震源深度可靠性分析

溪洛渡水电站于 2013 年 5 月 4 日正式蓄水。随着库水位的快速抬高,库首区地震活动显著增强。虽然台网对库首区的监测能力达到 ML0.5 级,但在地震活动的高峰期,仍在震中区架设了 3 个流动台站进行加密观测。

根据现今的测震技术，震源深度参数的确定仍存在较大的不确定性，这直接影响到对震源区应力的分析和发震机理的研究。对于小孔径台网，影响震源深度的因素主要包括参与地震震中定位台站的个数、当地地形条件、台站所在位置高程差、地壳速度结构模型和人工交互定位人员的专业水平等。

基于相同的虚波速度，就同一次地震事件台网给出的震源深度与流动台所确定的震中距存在较大的差异（流动台位于震中区，地震的发生按直下型地震考虑，震中距即为震源深度）。根据流动台所记录的131次地震事件震中距与台网震源深度的差异统计分析，结果见图1.6。

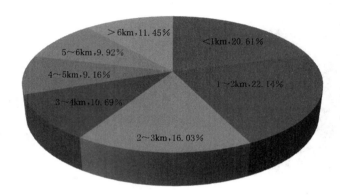

图1.6　流动台震中距与台网震源深度差异占比

在地震参数确定过程中，发现参与定位台站数目的不同，对地震的震中位置参数影响不大，但对震源的深度存在较大的影响，尤其是距离震中较远的台站。基于此，对溪洛渡水电站水库蓄水后，发生在库区的地震，选取距离震中较近的4~6个台站，重新定位，复核了溪洛渡库首区发生的17397次地震事件，并形成溪洛渡库首区地震目录数据库。

1.5.2　地震精定位

自从 Waldhauser 和 Ellsworth 于2000年提出双差定位法之后，我国的许多地震工作者已将之应用于具体工作，并证明其是一种较有效的提高地震相对定位精度的方法。

双差定位法是一种相对定位方法，基于如下的思想：如果两个地震震源之间的距离小于事件到台站的距离和速度不均匀的尺度，那么震源区和这个台站之间的整个射线路径几乎相同。这时，在某个台站观测到的两个事件的走时差来自于事件之间的高精度的空间偏移。原因是，除了在震源附近小区域内射线的路径有差别之外，不同事件绝对误差的来源相同。

采用双差定位法对金沙江下游梯级水电站水库地震监测系统所取得的约4万余条地震进行精定位，溪洛渡库首区地震精定位之后震中的空间分布见图1.7。

1.5.3　溪洛渡库水位与地震时序的关系

溪洛渡水库2013年5月4日蓄水以来库水位与地震时序的对应关系见图1.8。

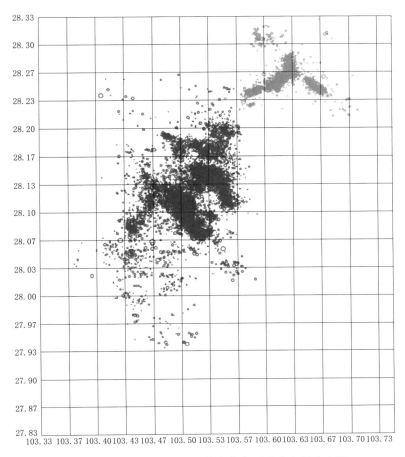

图 1.7 溪洛渡库首区地震精定位之后震中空间分布图

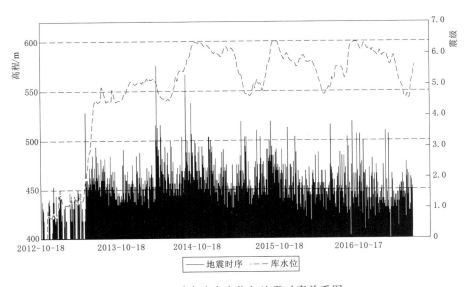

图 1.8 溪洛渡库水位与地震时序关系图

1.6　地震波形数据处理软件

对于每一次地震事件，地震监测台站所记录的波形数据是地震波谱特征分析的基础。初步估算，溪洛渡水电站自 2008 年 8 月台网正式投入运行以来，至今已取得几万次地震记录，每个台站三个分向，每次地震事件由于震级大小的不同，取得清晰 P 波初动的台站个数也不尽相同，平均按 6～8 个台站，则地震波形数据文件多达几十万条。基于波谱特征分析的需要，须对台网产生的地震事件文件进行数据读取，并转换形成波谱特征分析通行的数据格式，为此，编写了地震事件文件处理程序。数据的读取见图 1.9。

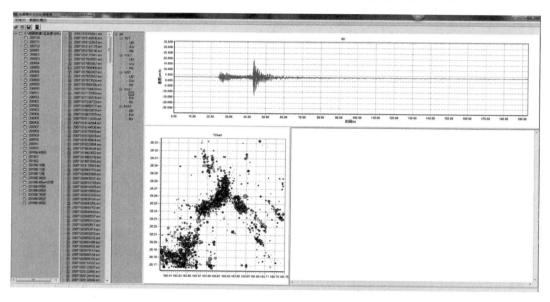

图 1.9　数据读取程序界面

1.7　地震基本参数分布特征

研究区地震的基本参数主要包括震级大小、震源深度和震中距离。其分布特征对地震波时频参数计算结果的分析研究具有重要的意义。不同震级大小、不同震源深度以及不同震中距离时频参数所具有的共性特征，将是区分、辨识水库区地震类别的创新性实践。

1.7.1　b 值统计

震级大小与地震频度的关系，即 b 值大小，是地震活动性研究的一个重要参数。b 值的大小反映了一个地区地震活动的强度。一般认为，b 值越小，该区域地震活动背景以中、强地震为主，若 b 值接近于 1 或大于 1，则地震活动背景以弱震为主。在现有水库诱发地震震例的研究中，在水库蓄水以后发生在库区并与库水位上升明显相关的地震，其 *b* 值统计结果绝大部分在 1 左右。

溪洛渡水电站自水库蓄水以来，在库区某些特定的库段发生了明显异于天然地震活动背景的特殊震情，这主要包括了发生在溪洛渡坝址区上、下游 5km 范围内以及库区白胜—务基段两个地震震中密集分布的区段。地震时空上虽然与溪洛渡水库蓄水明显相关，但白胜—务基段又存在相对滞后的现象。因此，在 *b* 值统计上，将发生在这两个范围内的地震分别进行统计。

溪洛渡库首区发生的地震，根据精定位分析的结果，自 2012 年 11 月 16 日至 2016 年底，共发生地震 4880 次，震级与频度关系见图 1.10。

仅从溪洛渡库首区 *b* 值 1.18、相关系数 0.97 来看，发生在库首区的地震以微震和极微震为主。

溪洛渡库区白胜—务基区段发生的地震，根据精定位分析的结果，自 2012 年 11 月 16 日至 2016 年底，共发生地震 14761 次，震级与频度关系见图 1.11。

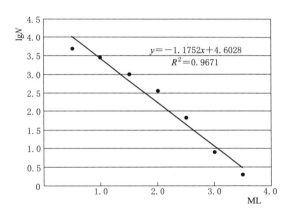

图 1.10　溪洛渡库首区震级与频度关系

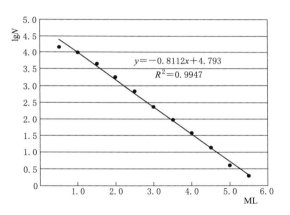

图 1.11　溪洛渡库区白胜—务基区段震级
与频度关系

溪洛渡库区白胜—务基区段 *b* 值 0.81、相关系数 0.99，发生在该区段的地震以中等强度的地震和弱震为主。

1.7.2　震源深度分布特征

为了保证地震数据结果的一致性，地震震源深度的分布特征，同样按 *b* 值统计的范围。

1. 溪洛渡库首区地震震源深度分布特征

溪洛渡库首区发生的地震共计 4880 次，不同震源深度以及不同震级大小在不同震源深度上的占比关系曲线见图 1.12，不同震级大小占比饼状图见图 1.13～图 1.15。

从溪洛渡库首区地震震源深度分布的统计结果来看，绝大部分地震的震源深度小于 6km，全部地震进行统计，震源深度小于 6km 占比达到 98.9％，ML≥1.0 级的地震震源

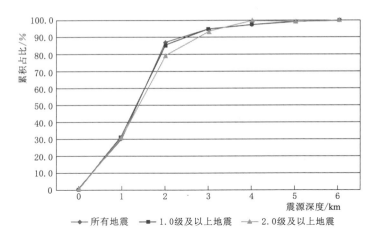

图 1.12 溪洛渡库首区地震震源深度分布累积曲线

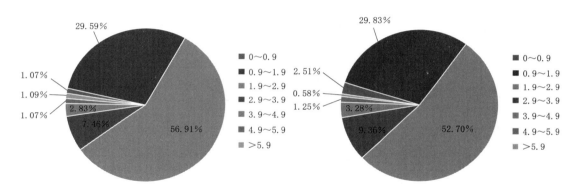

图 1.13 溪洛渡坝址区不同震源深度
地震次数占比

图 1.14 溪洛渡坝址区 ML≥1.0 级地震
不同震源深度地震次数占比

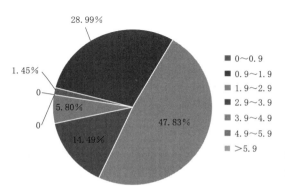

图 1.15 溪洛渡坝址区 ML≥2.0 级地震
不同震源深度地震次数占比

深度小于 6km 占比达到 99.4%,ML≥2.0 级的地震震源深度全部小于 6km。在这其中又以 2.0~2.9km 占比最大,分别达到 52.7%、56.9% 和 47.8%。

2. 溪洛渡库区白胜—务基段地震震源深度分布特征

溪洛渡库区白胜—务基段发生的地震共计 14760 次,不同震源深度以及不同震级大小在不同震源深度上的占比关系曲线见图 1.16,不同震级大小占比饼状图见图 1.17~图 1.20。

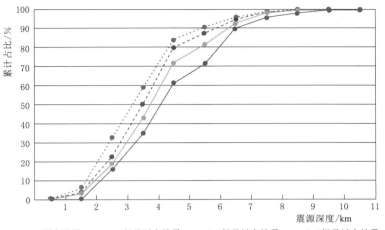

图 1.16 溪洛渡库区白胜—务基区段地震震源深度分布累积曲线

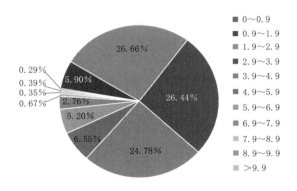

图 1.17 溪洛渡白胜—务基区段不同震源
深度地震次数占比

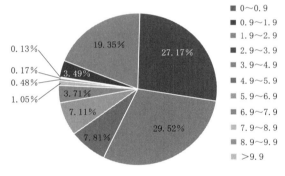

图 1.18 溪洛渡白胜—务基区段 ML≥1.0 级
地震不同震源深度地震次数占比

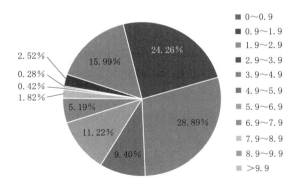

图 1.19 溪洛渡白胜—务基区段 ML≥2.0 级
地震不同震源深度地震次数占比

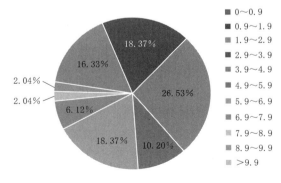

图 1.20 溪洛渡白胜—务基区段 ML≥3.0 级
地震不同震源深度地震次数占比

从图1.16可以看出，溪洛渡库区白胜—务基区段地震震源深度分布特征为：绝大部分地震的震源深度小于10km，全部地震震源深度小于10km的占比达到99.6%，ML≥1.0级的地震，震源深度小于10km的占比达到99.8%。ML≥2.0级的地震，震源深度均小于9km。

从图1.17、图1.18中可以看出，仅从地震数量上看，地震震源深度集中分布在2.0～4.9km的范围，占比分别达到77.9%、76.0%。当地震强度ML≥2.0级时，由图1.19和图1.20则可以看出，地震震源深度分布在2.0～6.9km的范围，ML≥2.0级地震和ML≥3.0级地震占比均达到89.8%。

1.7.3　地震震中距分布特征

震中距离的不同，对测震台站记录到的地震波所产生的影响也就不尽相同。距离越短，在地震波传播路径上，地层岩性相对单一，对震源所激发出来的地震波影响就小。震中距越大，在地震波传播路径上就会遇到更多性质不同的地质体、断层带等，就会大大减弱地震波原有的信息量。因此，在对地震波时频结果进行分析时，震中距的大小是一个重要的评估指标。

地震震中距的分布特征实质上也等价于地震波震中距的分布特征。由于进行地震波时频分析是在对所有地震波进行筛选的基础上进行的，因此，就每条经筛选的地震波进行震中距的统计更具有实际意义。

1. 溪洛渡坝址区地震波震中距分布特征

经初步的整理，溪洛渡坝址区参与时频分析的地震波共计5527条，不同震中距地震波的数量统计结果直方图见图1.21和图1.22。

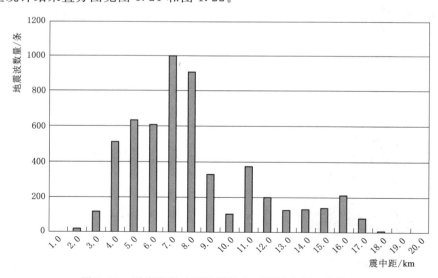

图1.21　溪洛渡坝址区地震波在不同震中距上的数量

从图1.22可以看出，测震台站记录到的地震波在震中距上的分布在2.0～18.0km之间，但集中分布在4.0～9.0km，占比达到72.6%。因此，时频参数分析时，在考虑震中

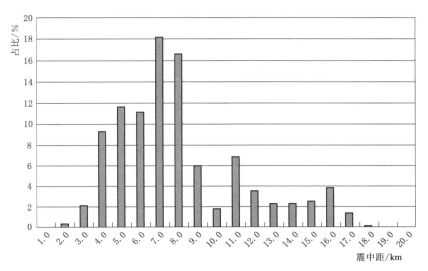

图 1.22 溪洛渡坝址区地震波在不同震中距上的占比

距的影响时，4.0～9.0km 范围内有足够的样本进行统计分析，其结果也更具代表性。

2. 溪洛渡库区白胜—务基段地震波震中距分布特征

溪洛渡库区白胜—务基段自水库蓄水以来，共发生了 14000 余次地震，通过筛选，位于溪洛渡水电站白胜—务基段的 10 个测震台站，共取得 40872 条地震波时程数据，不同地震震中距地震波形数据量及占比分别见图 1.23 和图 1.24。

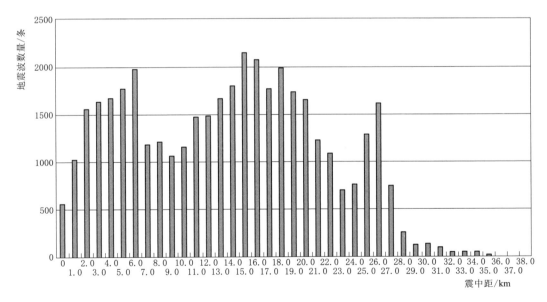

图 1.23 溪洛渡库区白胜—务基段地震波在不同震中距上的数量

从溪洛渡库区白胜—务基段地震波在不同震中距上的占比来看，该区段发生的地震，震级大于 1.0 级的地震共有 4583 次，其中大于 2.0 级的地震多达 713 次。对于监测能力

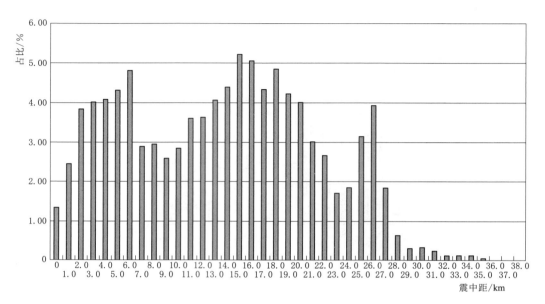

图 1.24　溪洛渡库区白胜—务基段地震波在不同震中距上的占比

达到 0.5 级的区域，发生 1 级以上的地震，周边测震台站均能取得完整的地震数字波形记录。震中距在 0～28km 之间，每个区间段均有 500 条以上的地震波形记录，这为分析构造型水库地震在不同震中距离、不同震级大小和不同震源深度的地震在时频参数上所具有的特点奠定了坚实基础。

第 2 章

溪洛渡水库诱发地震危险性预测研究

2.1 溪洛渡库区地层岩性特征

溪洛渡库区地层除缺失石炭系、侏罗系上统及第三系外，从元古界至第四系均有出露。地层岩性特征见表 2.1。

表 2.1　　　　　　　　　　　　溪洛渡库区地层岩性特征简表

界	系	统	1/20 万地层划分		综合岩组（岩性）	厚度/m	岩 性 描 述
			组	地层代号			
新生界	第四系		Q	Q	Q	0~160	冲积、洪积、崩坡积、滑坡堆积、冰川和冰水堆积，砂砾石、漂卵石、砂质黏土和块碎石土
中生界	白垩系	下统	小坝组	K_{1x}	K_1 (S)	410~685	紫红色、砖红色含钙泥岩夹砂质泥灰岩、含钙细粒石英砂岩
	侏罗系	下统	自流井组	J_{1-2z}	T_3+J_1 (S)	280~630	上部为钙质泥岩夹灰岩；下部为粉砂岩、砂质泥岩互层；底部为灰色岩屑石英砂岩、粉砂岩、泥页岩夹煤层
	三叠系	上统	须家河组	T_{3xj}			
		中统	雷口坡组	T_{2l}	T_{1-2} (L)	352~575	灰黄色泥质灰岩、灰岩、白云质灰岩夹砂页岩
		下统	嘉陵江组	T_{1j}			
			铜街子、飞仙关组	T_{1t}、T_{1f}	T_{1f+t} (S)	174~580	紫红色砂岩、岩屑砂岩、粉砂岩、泥岩夹泥灰岩
古生界	二叠系	上统	宣威组	P_{2x}	P_{2x} (S)	17~100	紫红色砂岩、粉砂岩、泥岩夹灰岩，底部为灰白色铝土岩、黏土岩
			峨眉山玄武岩组	$P_2\beta$	$P_2\beta$ (β)	270~834	灰色、深灰色致密块状玄武岩、含斑玄武岩、斑状玄武岩及火山角砾熔岩，底部为砂页岩、铝土岩
		下统	茅口组	P_{1m}	P_{1y} (L)	108~1000	灰白色~深灰色灰岩、生物碎屑灰岩夹泥灰岩、生物灰岩夹白云岩
			栖霞组	P_{1q}			
			梁山组	P_{1l}	O_3+S (S)	2~6	灰色、深灰色、灰黄色、黄绿色砂岩、粉砂岩、泥岩、页岩、砂质页岩夹泥灰岩、泥质灰岩
	泥盆系			D		0~218	

续表

界	系	统	1/20 万地层划分		综合岩组（岩性）	厚度/m	岩 性 描 述
			组	地层代号			
古生界	志留系	上统	菜地湾组	S_{3c}	$O_3 + S$ (S)	466～932	灰色、深灰色、灰黄色、黄绿色砂岩、粉砂岩、泥岩、页岩、砂质页岩夹泥灰岩、泥质灰岩
		中统	大路寨组	S_{2d}			
			嘶风崖组	S_{2s}			
		下统	黄葛溪组	S_{1h}			
			龙马溪组	S_{1l}			
	奥陶系	上统		O_3			
		中统	大箐组	O_{2d}	O_2 (L)	116～730	灰色、深灰色生物碎屑灰岩、灰岩、白云岩、浅肉红色含铁泥质灰岩
			宝塔组	O_{2b}			
		下统	巧家组	O_{1q}	O_1 (S)	295～504	上部为杂色薄至中厚层状泥质粉砂岩、页岩，下部为中厚、厚层状石英砂岩，下部岩层向下游变薄
			湄潭组	O_{1m}			
			红石崖组	O_{1h}			
	寒武系	上统	二道水组	$\in_{3e}$	$\in_{3e}$ (D)	150～464	灰、深灰色微晶、细晶白云岩、白云质灰岩夹少量砂岩、粉砂岩
		中统	西王庙组	$\in_{2x}$	$\in_{2x}$ (S)	100～255	紫红色、砖红色粉砂岩、砂岩、泥岩、灰白色白云岩夹石膏
			陡坡寺组	$\in_{2d}$	$\in_{1+d}$ (D)	142～368	灰色灰岩、白云岩，灰黑色白云质灰岩、泥质白云岩夹灰绿色页岩
		下统	龙王庙组	$\in_{1l}$			
			筇竹寺、沧浪铺组	$\in_{1q}$、$\in_{1c}$	$\in_{1q+c}$ (S)	394～642	灰绿色、灰黑色泥质石英粉砂岩、细砂岩、砂岩、页岩夹泥灰岩
			梅树村组	$\in_{1m}$	$Z_b + \in_{1m}$ (D)	581～1200	灰至深灰色块状白云岩、白云质灰岩、泥质白云岩、含藻礁白云岩，灰黑色燧石条带或团块白云岩、白云质磷块岩
元古界	震旦系	上统	灯影组	Z_{bdn}			
			观音崖组	Z_{bg}			
			陡山沱组	Z_{bd}	Z_{a+b} (S)	249～1053	紫灰、暗紫色、灰白色砾岩、砂砾岩、含砾砂岩、石英砂岩、长石石英砂岩、凝灰质砂岩及紫红色页岩
			南沱组	Z_{bn}			
		下统	澄江组	Z_{ac}			
	前震旦系		会理组	Pt	Pt (M)	3350～4500	灰绿色、灰黑色石英绢云母千枚岩、变质粉砂岩

注　岩性类别：(S) 碎屑岩，(L) 石灰岩，(D) 白云岩，(M) 变质岩，(β) 玄武岩

前震旦系（Pt）仅出露于对坪一带；震旦系（Z）多在区域性大断裂一侧出露，呈带状分布；古生界寒武系、奥陶系、志留系和二叠系在库区广泛分布，是组成库盆的主要地层，而泥盆系仅见于库尾一带，向下游逐渐尖灭；中生界三叠系主要分布在溪洛渡坝肩以上及库区两岸山岭地带；第四纪松散堆积零星分布于沿江两岸坡脚及谷底。

2.2 区 域 性 断 裂

对溪洛渡库区影响较大的区域性断裂有三组：近南北向的峨边—金阳断裂；北东向的莲峰—华蓥山断裂；北西向的马边—盐津断裂带（图2.1）。现分述如下。

图 2.1 溪洛渡库区断裂卫片解译示意图

1. 峨边—金阳断裂

该断裂北起自峨边西北，经马边烟峰西、山棱角、抓抓岩，抵金沙江边，南截止于莲峰断裂，总长达180km。断裂总体走向近南北向，倾向西，倾角一般在50°～80°之间。由数条断层组合而成，在工程区内包括主断裂及上田坝断层、硝滩断层等。峨边—金阳断裂是重要的区域构造边界线，西侧以南北向构造为主；东侧构造复杂，以北东向、北北西向为主。

峨边—金阳断裂规模宏大，断层破碎带与影响带宽可达数十米，显示强烈的挤压特征，一般西盘向东逆冲。抓抓岩剖面上两侧地层陡立，上盘地层局部倒转。由断层岩显微组构分析说明，断裂经过多期活动，以脆性破坏为主，差异应力值在100MPa左右。

从航片判读，峨边—金阳断裂除马边西北有部分段落显示出断裂线状地貌外，主体部分未有强烈新活动反映。山棱岗一段断裂从近山顶处通过，地貌上无第四纪晚期活动表现。断层泥中石英碎砾的显微形貌分析结果，断层最晚期活动时代为中更新世。

从图 2.1 同样可以看出，该断裂在研究区范围内线性特征表现明显。马劲子断层从山棱岗至溜筒河口段，地表表现为一连串的负地形，溜筒河口往南，该断层的线性特征不明显。另外，硝滩断层、上田坝断层和金阳断层在卫片上也有明显的线性特征。

2. 莲峰—华蓥山断裂

该断裂南西起自会理、宁南，向北东经莲峰至川东华蓥山，全长达 500km 以上。断裂带在宁南至巧家附近被北北西向则木河断裂及近南北向小江断裂所切穿，在盐津附近被北西向马边—盐津断裂所切穿，从而分割成为宁南—会理断裂、莲峰断裂和华蓥山断裂。

对工程有一定影响的是莲峰断裂。该断裂于坝址南侧 25km 处通过，南起巧家、大寨，向北东方向经莲峰，延至木杆河一带，止于盐津附近的北西向构造带，长达 150km。该断裂沿莲峰背斜轴部发育，主要由莲峰断裂及虹口、头坪、赵家坪、老店子、新田等数条北东向断层组成，切割了从震旦系至中生界的所有地层，总体走向 N50°～60°E，倾向北西，倾角 60°～80°，总断距可达数百米，破碎带宽 30～40m，主要由片状构造岩、碎裂岩和断层泥组成。根据地球物理场资料，推测莲峰断裂带为一条切割较深的基底断裂。该断裂在区域上担当了重要的构造界线，其西北侧是南北向构造占主导地位，南东侧为北东向构造为主。

莲峰断裂在研究区内卫片上也有明显表现（图 2.1）。尤其是莲峰至大兴段，卫片上表现为断崖、断层三角面等地貌特征。大兴往南沿金沙江展布，在金阳河口一带与金阳断层交汇在一起。

3. 马边—盐津断裂带

据本区地球物理综合勘探资料分析表明，在马边—盐津一带隐伏着一条北北西向的深断裂，其展布同上扬子台褶带与四川台坳分界线大体一致。在区域重力异常中，马边—盐津隐伏断裂带一线恰好是重力梯度带，它对应于莫霍面陡变带；在布格异常图上表现为北北西向低缓梯度带，这些特征在各种高度向上延拓的异常上都有明显反映。据此可以推断马边—盐津隐伏断裂带可能是一条切割莫霍面的岩石圈断裂。

隐伏断裂带与马边强震带在空间分布上有较好的对应关系，其活动性主要通过地震和地表断层的活动反映出来。一系列强震和群集的弱震活动都发生在这一带上。统计表明，该断裂带自 1900—1994 年，共记录到 5 级以上地震 23 次，其中，地震主要发生在近南北向断层与北东向断裂（层）的交汇部位。

与隐伏断裂对应的地壳表层发育有数条规模较小的次级断层，自北向南分别为利店断层、中都断层、玛瑙断层、翼子坝断层、关村断层和中村断层，它们组成一个北北西向排列的断层组，可能是该隐伏断裂在表层作用的产物，两者具有一定的成生联系。这些表层断层多数走向近南北至北北西，倾西，倾角 40°～70°，单条断层的长度一般小于 35km，破碎带宽小于 10m，均显示逆冲性质。

（1）利店断层。该断层位于工程区以北，向北北西延伸至峨边五渡，总长度 50km。断面向西倾，倾角为 40°～70°。断层在中北段切过晚元古代及古生代地层。南段错断中生代地层。断层显示挤压性质，南西盘向北东逆冲。沿断层发育数米至数十米的破碎带，在利店南见晚三叠至早侏罗世砂页岩向东逆冲至中侏罗世粉砂岩、砂质泥岩之上。破碎带宽十几米，其中有方解石脉充填。显微镜下对断层岩的观察表明，断层以脆性破裂为主，断层上有纤维状矿物生长，反映了低应力稳态剪切滑动的性质。方解石脉可见两期，均受到变形。由热释光法测得的方解石脉的年龄为 16.87 万年。

利店断层在航片上显示清楚的线性影像。断层附近曾经发生过 5～5.9 级地震。

在敏家岩附近，马边河支流河谷中发现湖沼相粉砂夹泥炭层，出露厚度约 5m，作为Ⅰ级阶地的基座。层理细薄，含丰富的植物化石和古树干，其分布范围局限，仅见于老鹰岩至敏家岩之间约 1km 河谷中，其上不整合地覆盖着阶地砾石层。在它出露范围的北端，河谷中有古滑坡体残留，推测该套地层是滑坡体堵塞河床后的堰塞湖的沉积。其沉积年代应是晚更新世晚期。值得注意的是，在离利店断层不足 200m 的河谷中，见到湖相地层的变形，形成了和缓的向斜，地层倾角达 8°～10°，并发育小规模的正断层，垂直断距 2～3cm。对该沉积层的变形，虽然尚不能完全排除沉积固结变形的可能性，但断层活动影响所致的可能性也是存在的。

在利店西，利店断层通过马边河Ⅱ级阶地和Ⅲ级阶地。断层在Ⅱ级阶地上无任何显示，但是Ⅲ级阶地上出现与断层线一致的陡坎和凹槽，陡坎高 2～4m，现在已被人工改造为梯田坎。在马边河上游所测得的Ⅲ级阶地年龄为 14.11 万年，Ⅱ级阶地为 6.18 万年。

以上几方面资料说明，利店断层在第四纪晚期仍然有一定的活动性。其中在中更新世末有一次较强的运动，使晚期方解石脉变形，在马边河Ⅲ级阶地上造成陡崖与断裂洼槽。在晚更新世末期或全新世可能仍有活动，使晚更新世晚期沉积的湖泊沉积物发生弱的变动。

（2）中都断层。位于利店断层向南东方向的伸延线上，与同走向的中和庄宽缓向斜相伴生，处于向斜的北东翼上，断层与向斜轴走向 300°～320°，断层面倾向西，倾角 60°左右，长约 15km，是一条同生走向正断层。断层两端断在同一层位中，中段断在白垩系和侏罗系顶部地层之间，断距不大，变动也较弱。

中都镇西石山沟出露较好的断层剖面，南西盘白垩纪地层倾向南西，倾角 55°～60°，北东盘侏罗系地层倾向北东，近断层处陡倾角，可达 80°。该剖面处及整个南半段断层在山坡上通过，而上盘地形高，下盘低，受岩性抗风化侵蚀因素制约，不显示断层的新活动形迹。取断层带中薄层断层泥作石英碎砾显微形貌扫描电镜分析，结果说明最晚期活动年代为上新世至中更新世。断层岩的偏光微镜下组构分析结果认为，断裂在不足 5km 深度的浅层内生成，以脆性破裂为主要形式，贯入断层破碎带的晚期方解石脉，没有变形现象。说明自方解石贯入后，断层未发生过运动。

中都断层与工程区其他断层相比，规模小，晚期活动弱，现今地震活动也较少。

（3）玛瑙断层。该断层是工程区内的重要活动断层之一。北起自马边县玛瑙（民主）乡北，向南经老营盘、土地坳，过双河口后尖灭。北段与南段呈南北走向，中段为北西向，总长34km。南端距坝址约22km。

断层主要分布在产状平缓、褶皱形态不明显的中生代地层中。但断裂本身挤压破碎较强烈。在土地坳和老营盘，破碎带宽达数十米至数百米。断面倾西，倾角40°～50°，为挤压逆冲并有走滑成分的断层。

在山太坪南豹子沟附近，西南盘香溪群青灰色岩屑砂岩逆冲到东北盘自流井组紫红色砂页岩之上，破碎带宽达几十米，在断面附近有40cm厚的断层泥带。断层泥中的石英颗粒用热释光法测定，说明断层在19.68万年前曾有过活动，而其上覆盖的残坡积层未受变动。

在玛瑙断层的北段，太平村南曾经发现断层延伸至第四纪砂砾石层中。对马边河河床纵剖面的分析表明，在玛瑙断层穿过马边河的流中塘村附近，河床纵剖面形成一个向上凸的异常段，可能反映了该断层在第四纪晚期的活动。

在航空相片上，玛瑙断层反映出明显的断层地貌，在太平、垭口、庄家湾、太坳脚、山太坪一带，构成明显的负地形及线状沟谷，并错断一系列山脊。在玛瑙断层南北两端，都曾发生过6¾级强震，弱震活动也较密集。1935—1936年的马边震群活动就发生在它的附近。由此可见，玛瑙断层是一条第四纪晚期有过活动的断层。

（4）翼子坝断层。它是离坝址最近的一条重要活动断层。南起长坪以北，向北经糖房、翼子坝，止于莲花山南，呈南北走向，长30km，南段距溪洛渡坝址区16km。

翼子坝断层南端切入长坪穹隆核部，向北切过黄毛坝短轴背斜、马湖向斜和芭蕉滩穹隆的东翼。主要段落分布在二叠纪至三叠纪地层中。断层两侧构造变形程度不同，断层下盘地层平缓，一般不超过20°。

断层性质为挤压逆冲，西盘向东仰冲。在翼子坝北为峨眉山玄武岩层逆冲至三叠纪雷口坡组之上。大毛滩南长坪河右岸公路旁发现一砂脉。砂脉走向也近南北，向西陡倾。脉体宽20～27cm，由黄褐色的中、细砂组成，出露高度2m多，未见底。为了证明砂脉是否由于砂土液化所致，取样咨询了我国多年从事砂土液化研究的专家，他们的意见是：砂脉的级配在饱水的状态下有液化的可能，但其中含黏土的成分偏大，砂脉是由于液化形成的可能性较小。另外，在砂脉旁还可见与砂脉成分一样、呈透镜状充填于近水平粉砂层中的另一砂脉，从该砂脉中的斜层理判断，在其形成过程中，水流是自上而下的。这说明大毛滩处砂脉的形成很可能是由于边坡中的张性裂隙被后期的中、细砂充填所致，而与地震液化作用没有直接的关系。

翼子坝断层是北北西向构造带中的重要次级成分。在它的南端发生过1974年7.1级地震，北段附近曾发生过公元1216年7级地震，由于历史记录过少，不能确切地判断其震中位置。但从震后金沙江堵江40km的记载来看，震中在翼子坝一带是完全可能的。

（5）关村断层和中村断层。这两条断层是北北西向构造带的南段，翼子坝断层之东。它们相互平行，以北北西走向延伸，长度分别为25km和37km。断层主要分布于三叠纪及侏罗纪地层中，周围地层平缓，褶皱不明显。

总结：马边—盐津北北西向地表断层组，除中都断层之外，普遍有较强的第四纪晚期活动的表现。加之又是前述提到的北北西向隐伏断裂带通过之处，使其成为工程区内最重要活动构造带。一系列强震和群集的弱震活动发生在该构造带上并不是偶然的。

2.3 现今区域构造应力场特征

为了说明溪洛渡库坝区及附近地区的现今构造主应力方向，重点统计分析了北纬27°30′~29°00′，东经103°00′~104°30′范围内的4.0级以上地震震源机制。统计结果见表2.2和表2.3。

表 2.2 主应力轴方向分布统计结果

	345°~15°	15°~45°	45°~75°	75°~105°	105°~135°	135°~165°
P 轴	1	0	1	3	4	1
T 轴	3	2	1	0	0	1
	165°~195°	195°~225°	225°~255°	255°~285°	285°~315°	315°~345°
P 轴	1	1	0	4	6	2
T 轴	5	7	3	1	1	0

表 2.3 主应力轴仰角统计结果

	0°~10°	11°~20°	21°~30°	31°~40°	>40°	平均
P 轴	9	6	7	2	0	15°
T 轴	11	3	5	3	2	18°

研究区内主压应力轴优势方向区间为 SEE（75°~105°）~NWW（255°~315°），主张应力轴优势方向区间为 NNE（345°~45°）~SSW（165°~225°）。各有17个数据落入此区间，占总数（24）的71%。根据主应力的方向和倾角可求得的两节面解分别为：走向 NW334°、倾向 SW、倾角79°，走向 NE64°、倾向 SE、倾角87°。倾角都比较陡，大于70°。这说明研究区内发生的地震破裂面近于直立，陡立的破裂面在近于水平的压应力场作用下，其运动方式应以走滑型为主。

2.4 溪洛渡库区地震活动性分析

一个地区的本底地震活动特征，与该地区构造活动性的强弱有密切联系。正如前文所述，溪洛渡库坝区主要受外围强震的影响，尤以坝址下游的马边—盐津地震带和库尾以上的小江地震带为重要，而其本身则以弱震活动为主。

弱震活动是水库诱发地震前期预测的基础资料之一。同时，沿断层密集成带的频繁弱震，在某种程度上也可视为该断层有一定的现代活动性的反映。因此，库坝区的仪测弱震活动分析，已成为水库诱发地震研究中必不可少的一项专门性研究。

溪洛渡库坝区地震活动本底分析研究范围的选取既要考虑到统计上的合理性，包括了库区、库水影响区以及一定的外延，又要尽量排除马边—盐津地震带和小江地震带对库坝区微震背景的夸大。为此，将坝区地震活动本底分析的研究范围定为：北纬 27°10″～28°20″、东经 102°50″～103°45″，面积约 11700km²。

从国家地震局区域台网地震数据库中检索出库坝区的全部地震，自 1970 年 1 月 1 日至 1999 年 12 月 31 日期间共计 485 次。这些地震皆属于微震和弱震，其中 ML≤1.9 级的有 74 次，2.0～2.9 级 342 次，3.0～3.9 级 66 次，不小于 4.0 级的只有 3 次，最大地震为 ML4.1 级。在此时段内该范围没有中等强度以上的地震发生。图 2.2 就是库坝区范围内的震中分布图（1970—1999 年）。

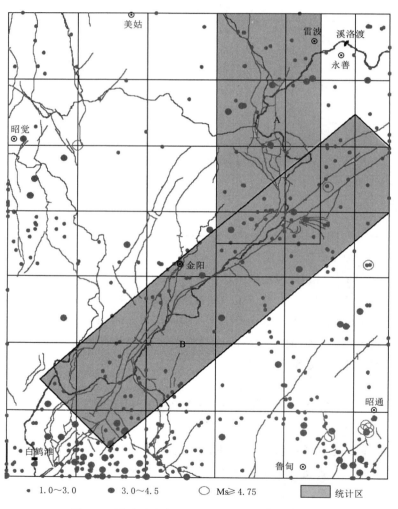

图 2.2　溪洛渡库坝区震中分布图（1970—1999）

1. 库坝区历史地震活动

在开始库坝区弱震活动分析之前，首先对 1970 年以前的历史地震记载进行考察。在图 2.2 的范围内，从历史地震记载中共查到 M≥4¾ 级的地震 9 次（表 2.4），其中 1949 年昭通 5 级地震可能与 1948 年 10 月 9 日发生在贵州威宁石门坎的 5¾ 级地震（27.4°N，104.0°E）属同一次地震事件。由图 2.2 可见（空心圈），这些地震大部分发生在莲峰断裂带东南、溪洛渡库区以外。在库坝区范围内的只有一次，即 1948 年发生在库区中段永善县黄华乡金沙江边的 5¼ 级地震。还有一次距库边线较近（10km），是 1966 年在永善县莲峰乡老米寨梁子一带发生的 5.1 级地震。

表 2.4　　　　　　　　　　　　　研究区内中、强地震目录

序号	日　期	北纬/(°)	东经/(°)	震级	烈度	参考地名	备　注
1	1875—1885	27.3°	103.7°	5	Ⅵ	昭通	
2	1898 - 08	27.3°	103.7°	5	Ⅵ	昭通	
3	1909 - 05 - 15	27.2°	103.6°	5½	Ⅶ	鲁甸	
4	1919 - 07	27.3°	103.7°	5	Ⅵ	昭通巧家磨	
5	1944 - 06 - 20	28.0°	103.0°	5¼		昭觉	
6	1948 - 12 - 14	28.0°	103.5°	5¼		永善黄华乡	金沙江边附近
7	1949	27.3°	103.7°	5	Ⅵ	昭通	疑为 1948 年 10 月 9 日威宁石门坎 5¾ 级地震（27.4°N，104.0°E）
8	1959 - 08 - 13	27.7°	103.7°	5		永善茂林乡	邻近大关县高桥乡
9	1966 - 10 - 11	27.9°	103.6°	5.1	Ⅵ	永善莲峰乡	宏观震中

表中有 9 次 5～5¾ 级的地震沿近南北向的昭通地震带分布，从 19 世纪末以来，由鲁甸、昭通一带次第向北、北、东方向迁移，直指 1974 年大关 7.1 级地震的极震区。这一方面显示出昭通地震带与马边—盐津地震带之间的紧密构造联系，另一方面也表明昭通地震带可能只具有中等强度的地震活动背景。

另两次 5 级以上地震发生在昭觉和大关西北，与已知的各地震带之间没有明显相关。它们的出现并未打破库坝区总的弱震环境的格局，其震中位置似乎也带有一定的随机性。但是，由于 1948 年大关西北的地震发生在库区中段黄华以西的金沙江边，在预测水库地震的发震地段和可能震级时，必须对此有足够的重视。

2. 弱震空间分布特征

虽然本世纪以来库坝区范围内 M≥4¾ 级破坏性地震漏记的可能性极小，但在 1970 年以前，由于缺乏系统的区域台网资料，弱震微震的记录比较零散，可靠性差，很难用于进行统计分析。此外，考虑到国家地震局地震数据库中缺失四川和云南两省 1987 年以后 ML≤2.4 级地震的目录资料，因此，在目前阶段，溪洛渡库坝区的弱震活动特征分析，其样本集只限于 1970 至 1999 年 ML≥2.5 级的地震。

3. 震中分布图

从图2.2可见,小震主要集中在图幅的西南角和东南角。前者在则木河断裂带与小江断裂带交汇区以北不远处,是巧家、宁南中强地震活动区的外围;后者是昭通、鲁甸、彝良中强地震活动区的一部分。图幅西部昭觉、布托一带小震也稍多一些,可能与甘洛—昭觉断裂带有关。此外,东北角图幅以外往东,是马边—盐津地震带的南段,地震活动强烈,但其影响到雷波、永善一带已不明显。

除了上述的几个局部外,库坝区绝大部分地段稀疏地散布着少量微震,看不到密集成带的情况,即便是峨边—金阳断裂带和莲峰断裂带等区域性断裂沿线,震中也呈现出随机分布的图像,并没有表现出地震分布与断裂构造具有明显的对应关系。

4. 地震频次的空间分布

为比较库坝区不同地段地震分布情况的异同,可以将其归算至单位时间在单位面积中(如每百平方公里每年)发生的地震次数,称为该地段的多年平均地震发生率。溪洛渡库坝区面积约为11700km^2,在此范围内,1970—1999年30年间共记录到485次地震,归算至每百平方公里每年的发生率为0.138;其中ML≥2.5级地震209次,相应的发生率为0.060。为了进一步明确库坝区内弱震活动与断裂构造的关系,分别沿峨边—金阳断裂带和莲峰断裂带选取A、B两个区域,即图2.2中画出的范围,统计其面积和地震发生率,与全区的参数一起列入表2.5。

表2.5　　　　　　　　　库坝区不同地段多年平均地震发生率比较

统计范围	面积/km^2	全部地震		ML≥2.5级的地震	
		地震个数	地震发生率	地震个数	地震发生率
整个库坝区	11700	485	0.138	209	0.060
区域A(峨边—金阳断裂带)	1590	58	0.121	36	0.075
区域B(莲峰断裂带)	2550	108	0.141	52	0.068

从表中所列数据可以看出,区域A和区域B的地震发生率,与整个研究区的平均发生率相比,并没有显著差别。也就是说,在1970—1999年的30年间,库坝区的弱震活动没有表现出沿峨边—金阳断裂带和莲峰断裂带分布的趋势。

5. 地震活动度的空间扫描

地震活动空间分布特征的研究,还可以采用频次、能量和地震活动度等参数的空间扫描方法进行。图2.3是溪洛渡库坝区地震活动度的等值线图,选取的折合震级为ML2.5级。图中显示,除与小江地震带和昭通地震带有关的两处地震活动度较高外,低活动度值的圆形斑块零散分布,主要反映了少数震级较高的孤立弱震的影响,看不到活动度等值线与当地构造线方向或较大断裂有明显相关的迹象。

6. 弱震活动与主要断裂的关系

综上所述,对库坝区仪测弱震微震空间分布特征的分析表明,在图2.2的图幅范围内,除与外围地震带有关的几个局部地段外,没有发现它们与区内其他断裂构造有密切

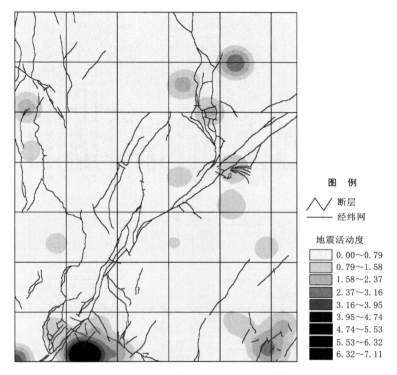

图 2.3 溪洛渡库坝区地震活动度等值线

的相关关系。

莲峰断裂带沿线，排除了小江地震带的影响之后，无论从地震频次还是释放能量看，都处于平均水平以下。在莲峰断裂带与峨边—金阳断裂带斜交的部位，沿黄坪、莲峰至河口一带，微震数量显得略多些，但地震活动度却处于很低的水平。

峨边—金阳断裂带沿线的小震频次和能量都在全区平均水平上下，几个孤立的弱震也并非沿断裂走向分布。但是，区域台网运行以来本区记到的最大地震（ML4.1 级）却发生在吴家田坝一带，联系到 1948 年发生在库区中段黄华的大关西北 5¼ 级地震，将是水库诱发地震危险性预测时应该认真考虑的重要因素之一。

7. 时间分布特征

地震时序图 2.4 是研究区内 ML≥2.5 级地震的时序图。1971—1978 年和 1991—1999 年两个时段的弱震活动明显要强些，分别发生了 9 次和 8 次 ML≥3.5 级的地震；1979—1990 年的 12 年间只有 4 次 3.5 级以上的地震，3.0 级以上的地震也少于另两个时段，但 30 年观测序列中最大的 4.1 级地震却发生在 1986 年。

8. 频次和释放能量的时间分布

图 2.5 是溪洛渡库坝区全部 209 次 ML≥2.5 级地震的年频次直方图，图 2.6 则是地震的年释放能量曲线。为方便对比，将这两幅图与地震时序图集中放在同一页上。

该地区 ML≥2.5 级地震的多年平均年频次为 7 次/年。最大值为 1998 年的 14 次/年，

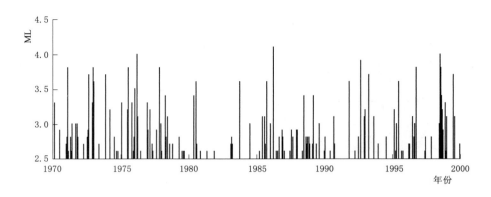

图 2.4　研究区内 ML≥2.5 级地震时序图

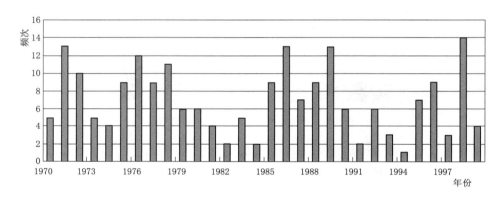

图 2.5　研究区地震年频次直方图

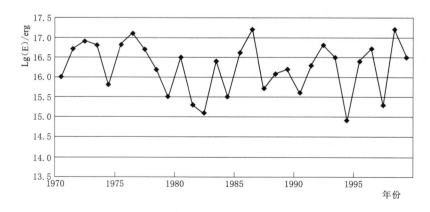

图 2.6　研究区地震年释放能量曲线

为平均值的两倍；年频次在 12 次以上的共有 5 年，大体分布在各时段内。最小值是 1994 年的 1 次/年，年频次在 3 次以下的有 6 年，集中在资料序列的中、后段。

本地区地震年释放能量的多年平均值为 1.0×10^{16} erg。最大值是 1986 年和 1998 年的 1.62×10^{17} erg，最小值是 1994 年的 8.43×10^{14} erg，两者相差约两个数量级。

从统计分析的结果看，在部分地排除了外围强震带的影响之后，溪洛渡库坝区地震年频次和年释放能量随时间起伏波动的幅值是相对较小的。

9. 震级与频度关系

震级与频度关系，尤其是其中的 b 值，是地震活动性研究的一个重要参数。图 2.7 是溪洛渡库坝区弱震震级与累积频次的关系曲线，鉴于 ML<2.5 级的地震缺失严重，取 ML2.5 级以上各档的数据，用最小二乘法拟合求得 b（ML）为 1.20，大致相当于通常采用的 b（Ms）值为 1.06。

以川滇地震亚区或略大一些作为统计区，不同的研究者求得的 b 值大体在 0.63~0.69 的范围内，表现相当稳定。川滇地震亚区周边的各强震带，按二代区划的统计，马边—昭通带的 b 值为 0.61，东川—嵩明带为 0.43，石棉—元谋带为 0.44，鲜水河地震带为 0.48。与这些数据相比，

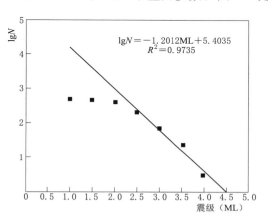

图 2.7　研究区震级与频次关系

本区弱震 1.2 的 b 值也说明它具有以弱震微震为主的随机背景活动的性质。

2.5　水库诱发地震危险区的确定

水库诱发地震的地震危险区，指的是从水库蓄水开始，直至达到最高水位的一段时间内，在重点库段中发生 4.0 级以上水库地震可能性最大的地点。在对溪洛渡库区各库段水库诱发地震综合分析评价的基础上，下述三个库段诱发水库地震的可能性较大：

Ⅰ库段——坝址至吴家田坝；

Ⅱ库段——吴家田坝至黄华；

Ⅵ库段——三坪子至对坪。

其中Ⅰ库段的诱震类型为岩溶塌陷型，Ⅱ、Ⅵ库段的诱震类型为构造型（即断层破裂型）。在这三个重点库段中，又进一步圈定了四个水库诱发地震的危险区（图 2.8 和图 2.9）。主要依据如下：

（1）豆沙溪沟岩溶塌陷型水库地震危险区：虽然Ⅰ库段诱发岩溶塌陷型水库地震的可能性并不大，但由于豆沙溪沟距离坝址很近，即使诱发个别微震，坝区也可能有感，故此将其列入重点库段进行评价。

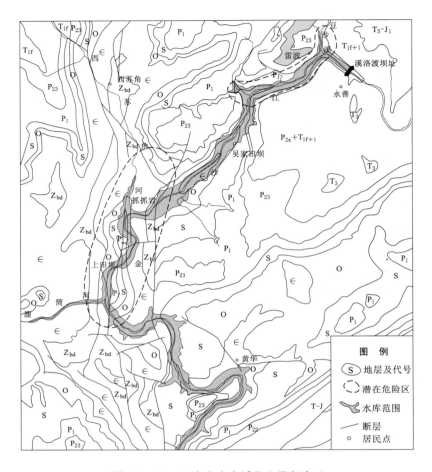

图 2.8　Ⅰ、Ⅱ库段水库诱发地震危险区

（2）抓抓岩—硝滩构造型水库地震危险区：马颈子断层、上田坝断层及硝滩断层多处与库水直接交切，马颈子断层和硝滩断层上均有温泉出露，说明存在向深部导水的深水文地质结构面，而且该断裂带现今仍有微弱活动，因此，该库段具备发生构造型水库诱发地震的可能性。

（3）金阳河口构造型水库地震危险区：金阳断裂与莲峰断裂在金阳河口上游不远处交汇，并斜切金沙江。莲峰断裂与金阳断裂交汇的部位有温泉群出露，这说明沿断裂带向深部具有一定的导水性。水库达到正常高水位后，该处水头增加百米左右，对温泉原有的水动力条件会产生一定的影响，而且还可能沿断层带向深部传递，进而降低深部水文地质结构面的抗剪强度，是诱发构造型水库地震的重点地段之一。

（4）牛栏江口构造型水库地震危险区：臭水井断层和莲峰断裂在对坪至牛栏江口之间垂直穿过金沙江，沿牛栏江口发育数条北西向断层，与臭水井断层及莲峰断裂在此段交汇。

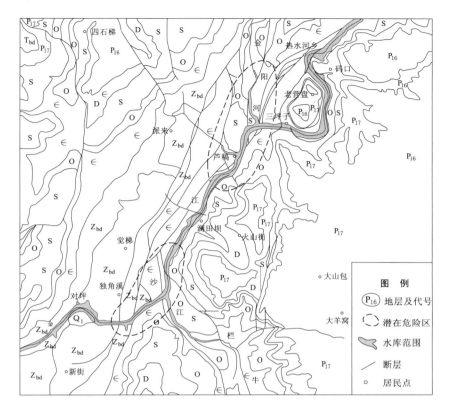

图 2.9 Ⅵ库段水库诱发地震危险区

2.6 最大可能震级

1. 岩溶塌陷型水库地震危险区震级上限

中国在碳酸盐岩地区兴建的水电工程中，被认为确实诱发了岩溶塌陷型水库地震的有 9 例，按其发震时间列入表 2.6。从表中可见，除四川新店水库为 Ms4.2 级外，8 例水库地震的最大震级均在 3.2～2.1 级范围内，其中 3.0 级以上的有 2 例，属于弱震范围；小于 3.0 级的微震为 6 例。这些水库的库容由 $209 \times 10^8 \mathrm{m}^3$ 到 $35 \times 10^4 \mathrm{m}^3$，坝高由 163m 到 13m，发震地点多半在库尾或水库的中段，发震时的附加水头一般很小，最大震级集中在一个很小的区间里，而与库容、坝高及震中区的水深之间没有明确的相关关系。新店水库是个例外，该库恰好修建在一座开采近 30 年的岩盐矿区之上，库水与采盐钻井相互作用，可能导致采空层的超大规模垮塌而引发较强的地震。这样的条件在一般岩溶发育地区是不存在的。因此，根据这些资料可以认为，一般情况下，岩溶塌陷型水库地震实际发生的最大震级大体上在 Ms3.0 级上下。

表 2.6　　　　　　　　　　　　　中国典型岩溶塌陷型水库地震统计表

水库名称	所在省份	最大震级 （Ms）	发震时间 /（年–月–日）	震中区岩性
南水	广东	2.3	1970 – 02 – 26	石灰岩
前进	湖北	3.0	1971 – 10 – 20	白云质灰岩
柘林	江西	3.2	1972 – 10 – 14	石灰岩
南冲	湖南	2.8	1974 – 07 – 25	石灰岩
黄石	湖南	2.3	1974 – 09 – 21	厚层灰岩
新店	四川	4.2	1979 – 09 – 15	岩盐、灰岩
乌江渡	贵州	2.1	1982 – 05 – 21	厚层灰岩
邓家桥	湖北	2.2	1983 – 10 – 30	厚层灰岩
隔河岩	湖北	2.6	1993 – 05 – 30	白云质灰岩

在进行最大可能水库诱发地震危险性分析的工作中，将采用各种不利条件相遇的极端情况下可能发生的最大地震，作为评价水库地震对工程产生的极限影响的计算参数。在岩溶强烈发育的地区，以当地一个相当大范围内历史上记载的最大的天然岩溶塌陷地震作为岩溶塌陷型水库地震的上限（即最大可能水库诱发地震），应该说是包含了相当大的安全裕度，同时又是合理的和可信的。

通过上面的分析可知，虽然豆沙溪沟的岩溶发育属于中等水平，但其现代岩溶并不发育，因此，我们把该处的震级上限定为 3.0 级，已属于偏安全的考虑。

2. 构造型水库地震危险区震级上限

确定构造型水库地震危险区震级上限的基本思路是诱发构造型水库地震的强度一般不会超过可能发生的最大可信地震。这是因为，由于人工水库的作用，使得断裂带的应力累积提前得以释放，这一观点已达成共识。因此，在确定有可能诱发构造型水库地震的震级上限时，最为关键的问题就是要深入研究与库水有关断裂带的地震活动性。

峨边—金阳断裂带有史以来发生的最大地震为 1935 年 12 月 19 日位于峨边附近的 6.0 级地震。该处的地震地质构造背景是近南北向的峨边—金阳断裂带与北西向的马边—盐津断裂带的交汇部位，是区域应力易于集中的地方。该断裂带的中段和南段，历史上没有大于 5¼ 的破坏性地震的记载，自 20 世纪 70 年代国家地震台网运行以来，不曾记录到 4.0 级以上的地震发生，而且从图 2.2 库区地震的空间分布也可以看出，沿断裂带微震的分布没有明显成带的现象。因此，把 Ⅱ 库段硝滩、抓抓岩一带有可能诱发构造型水库地震的地段震级上限定为 5.0 级。

同样，第Ⅵ库段的金阳河口和牛栏江口两个潜在诱发地震危险区的震级上限，通过对历年来该处地震的空间分布和强度综合分析来看，也不会超过 5.0 级。

2.7 综 合 预 测 成 果

溪洛渡水库诱发地震概率预测结果见表2.7、表2.8和表2.9，综合预测结果见表2.10。水库诱发地震对坝区的极限影响见表2.11。地理信息系统预测成果见图2.10和图2.11。

表 2.7　　　　　　　溪洛渡水库诱发地震分区及预测单元诱震因子状态组合表

预测单元编号	预测单元划分	组合方案编号	预测单元诱震因子状态组合
Ⅰ	坝区至吴家田坝	组合 1	D1 S1 F2 G1 E2 FD3 FC1
		组合 2	D1 S1 F2 G3 E2 FD3 FC1 SK2
Ⅱ	吴家田坝至黄华	组合 3	D1 S1 F1 G2 E2 FD1 FC1
		组合 4	D1 S1 F1 G3 E2 FD1 FC1 SK3
Ⅲ	黄华至河口	组合 5	D2 S1 F2 G2 E2 FD2 FC1
		组合 6	D2 S1 F2 G3 E2 FD2 FC1 SK3
Ⅳ	河口至热水河乡	组合 7	D2 S1 F2 G2 E2 FD2 FC1
		组合 8	D2 S1 F2 G3 E2 FD2 FC1 SK2
Ⅴ	热水河乡至三坪子	组合 9	D2 S1 F2 G3 E2 FD2 FC1
		组合 10	D2 S1 F2 G3 E2 FD2 FC3 SK3
Ⅵ	三坪子至对坪	组合 11	D3 S1 F2 G2 E2 FD1 FC1
		组合 12	D3 S1 F2 G3 E2 FD1 FC1 SK3
Ⅶ	对坪至白鹤滩	组合 13	D3 S1 F2 G2 E2 FD2 FC2
		组合 14	D3 S1 F2 G3 E2 FD2 FC2 SK3

表 2.8　　　　　　　　　　　　统 计 检 验 计 算 结 果

预测单元分区		组合方案编号	统计检验预测计算结果					可能发震强度
			M1	M2	M3	M4	M0	
Ⅰ	坝址至吴家田坝	组合 1	0.001	0.003	0.022	0.075	0.900	M0
		组合 2	0.000	0.006	0.050	0.151	0.793	M0
Ⅱ	吴家田坝至黄华	组合 3	0.300	0.032	0.217	0.317	0.135	M4、M1
		组合 4	0.105	0.157	0.264	0.333	0.140	M4、M3
Ⅲ	黄华至河口	组合 5	0.000	0.004	0.028	0.338	0.630	M0
		组合 6	0.000	0.020	0.032	0.333	0.615	M0
Ⅳ	河口至热水河乡	组合 7	0.000	0.004	0.028	0.338	0.630	M0
		组合 8	0.000	0.036	0.152	0.236	0.630	M0
Ⅴ	热水河乡至三坪子	组合 9	0.001	0.030	0.120	0.383	0.467	M0、M4
		组合 10	0.000	0.004	0.006	0.097	0.892	M0

续表

预测单元分区		组合方案编号	统计检验预测计算结果					可能发震强度
			M1	M2	M3	M4	M0	
Ⅵ	三坪子至对坪	组合 11	0.004	0.002	0.033	0.176	0.785	M0
		组合 12	0.001	0.011	0.038	0.175	0.775	M0
Ⅶ	对坪至白鹤滩	组合 13	0.000	0.000	0.007	0.135	0.857	M0
		组合 14	0.000	0.001	0.008	0.136	0.855	M0

表 2.9　　　　　　　　　　　　　灰色聚类分析计算结果

预测单元分区		组合方案编号	灰色聚类分析结果（×10）					可能发震强度
			σ_{i1}	σ_{i2}	σ_{i3}	σ_{i4}	σ_{i5}	
Ⅰ	坝址至吴家田坝	组合 1	3.495	3.456	3.926	4.169	4.946	M0
		组合 2	3.190	3.365	3.876	3.889	4.432	M0
Ⅱ	吴家田坝至黄华	组合 3	6.015	4.620	4.244	4.089	2.548	M1
		组合 4	5.890	4.847	4.121	3.767	2.664	M1
Ⅲ	黄华至河口	组合 5	2.955	4.010	4.152	5.191	4.773	M4
		组合 6	2.965	4.242	4.062	4.679	4.600	M4
Ⅳ	河口至热水河乡	组合 7	2.955	4.010	4.152	5.191	4.773	M4
		组合 8	2.965	4.290	4.437	4.423	4.408	M4、M3
Ⅴ	热水河乡至三坪子	组合 9	3.065	4.394	4.488	4.966	4.493	M4
		组合 10	1.705	3.052	3.269	3.965	4.509	M0
Ⅵ	三坪子至对坪	组合 11	4.000	3.800	4.152	4.441	4.416	M4
		组合 12	3.955	4.077	4.081	4.055	4.288	M0
Ⅶ	对坪至白鹤滩	组合 13	1.625	2.000	3.082	4.163	4.409	M0
		组合 14	1.705	2.377	3.160	3.835	4.281	M0

表 2.10　　　　　　　　溪洛渡库区水库诱发地震危险性综合预测

预测单元编号及分布范围		组合方案编号	水库诱发地震类型	宏观类比	模型统计预测		基于 GIS 的模型预测			水库诱发地震综合预测	
				极限震级（Ms）	统计检验	灰色聚类	专家系统	统计检验	灰色聚类	极限地震	
										震级（Ms）	烈度
Ⅰ	坝址至吴家田坝	组合 1	构造型	—	M0	M0	可能性极小	M0	M0	—	—
		组合 2	岩溶型	3.0	M0	M0	可能性极小	M0	M0	3.0	Ⅳ
			卸荷型	3.0	*	*	可能性极小	*	*	<3.0	Ⅳ
Ⅱ	吴家田坝至黄华	组合 3	构造型	5.0	M4、M1	M1	可能性较小	M1（抓抓岩）	M1（抓抓岩）	5.0	Ⅵ~Ⅶ
		组合 4	岩溶型	—	M4、M3	M1	可能性极小	M2（上田坝）	M1（抓抓岩）	—	—

续表

预测单元编号及分布范围		组合方案编号	水库诱发地震类型	宏观类比 极限震级（Ms）	模型统计预测		基于GIS的模型预测			水库诱发地震综合预测 极限地震	
					统计检验	灰色聚类	专家系统	统计检验	灰色聚类	震级（Ms）	烈度
Ⅲ	黄华至河口	组合5	构造型	—	M0	M4	可能性较小	M0	M4（库区）	—	
		组合6	岩溶型	—	M0	M4	可能性较小	M4（河口以北）	M4（河口以北）	—	
			卸荷型	3.0	＊	＊	＊	＊	＊	＜3.0	Ⅳ
Ⅳ	河口至热水河乡	组合7	构造型	—	M0	M4	可能性较小	M0	M4（库区）	＜4.5	Ⅴ
		组合8	岩溶型	—	M0	M4、M3	可能性极小	M0	M0	—	
Ⅴ	热水河乡至三坪子	组合9	构造型	—	M0、M4	M4	可能性较小	M0	M0	—	
		组合10	岩溶型	—	M0	M0	可能性极小	M0	M0	—	
			卸荷型	3.0	＊	＊	＊	＊	＊	＜3.0	Ⅳ
Ⅵ	三坪子至对坪	组合11	构造型	5.0	M0	M4	可能性较小	M0	M4（炎山街）	＜5.0	Ⅵ～Ⅶ
		组合12	岩溶型	—	M0	M0	可能性极小	M0	M0	—	
Ⅶ	对坪至白鹤滩	组合13	构造型	—	M0	M0	可能性极小	M0	M0	—	
		组合14	岩溶型	—	M0	M0	可能性极小	M0	M0	—	
			卸荷型	3.0	＊	＊	＊	＊	＊	＜3.0	Ⅳ

注　M1-强烈水库地震（M≥6.0级）；M2-中等强度水库地震（6.0级＞M≥4.5级）；M3-弱震（4.5级＞M≥3.0级）；M4-微震（M＜3.0级）；M0-不发生水库地震；"—"表示"可能性极小"；"＊"表示没有进行预测。

表 2.11　水库诱发地震对坝区极限影响评价

可能发震区				坝址区	
库段	发震地点	震级（Ms）	震中烈度	距大坝距离/km	影响烈度 Ia/Ib
Ⅰ	豆沙溪沟	3.0	Ⅴ	3	3.9/3.9
Ⅱ	抓抓岩	5.0	Ⅵ～Ⅶ	24	5.1/4.3
Ⅵ	金阳河口	5.0	Ⅵ～Ⅶ	87	3.1/＜3
	牛栏江口	5.0	Ⅵ～Ⅶ	106	＜3

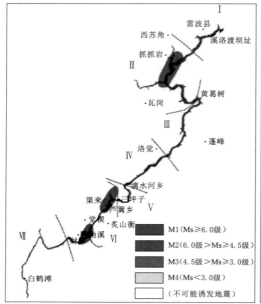

（a）构造型—宏观类比预测

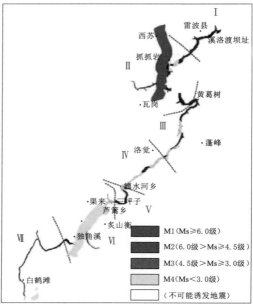

（b）构造型—基于GIS的灰色聚类预测

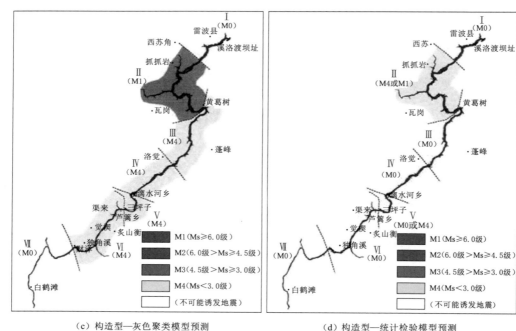

（c）构造型—灰色聚类模型预测

（d）构造型—统计检验模型预测

图 2.10　溪洛渡水库诱发地震综合预测图示（构造型）

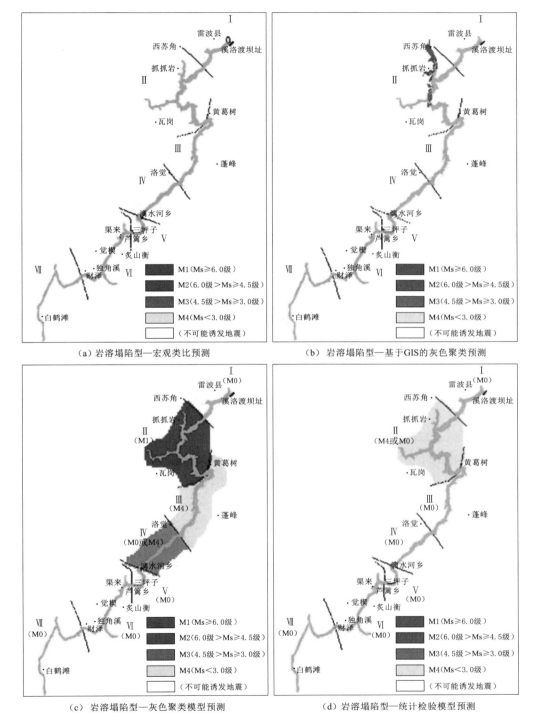

（a）岩溶塌陷型—宏观类比预测

（b）岩溶塌陷型—基于GIS的灰色聚类预测

（c）岩溶塌陷型—灰色聚类模型预测

（d）岩溶塌陷型—统计检验模型预测

图 2.11　溪洛渡水库诱发地震综合预测图示（岩溶型）

第 3 章

水库诱发地震

3.1 库 区 地 震 本 底

溪洛渡水电站水库地震监测台网由 19 个台站和 1 个监测中心构成,于 2008 年 8 月正式投入运行。溪洛渡水电站库区及邻近地区地震数据主要来自三个方面:①1970 年以前,本区地震参数主要参考《中国历史地震目录》;②溪洛渡水库地震监测运行之前,主要引自国家地震局分析预报中心的地震数据;③2008 年之后,该区地震数据以台网记录为主。为避免与溪洛渡毗邻水库向家坝蓄水的影响,对于溪洛渡水库蓄水之前的地震本底选择在向家坝水库蓄水之前发生在库区的天然地震作为统计样本。

为了从宏观上把握溪洛渡库区及邻近地区所处的区域地震活动背景,历史地震数据选取的范围为:北纬,25°45′~31°00′;东经,101°00′~105°30′。历史中强地震主要沿鲜水河、安宁河、则木河、小江、龙门山、马边—盐津和昭通—鲁甸等区域性断裂带分布。距离溪洛渡库区最近的强烈地震为 1974 年 5 月 11 日云南大关 7.1 级地震,其次是发生在马边、马湖附近的几次 6 级左右的中强地震。1970 年以来至溪洛渡水库地震监测台网运行前,38 年间该范围共取得地震记录 44989 次,其中小于 2.0 级地震 21303 次,2.0~2.9 级地震 20250 次,3.0~3.9 级地震 2960 次,4.0~4.9 级地震 366 次,5.0~5.9 级地震 92 次,6.0~6.9 级地震 17 次,7.0~7.9 级地震 1 次,2008 年 5 月 12 日发生在四川汶川的 8 级特大地震,距离溪洛渡库区约 300km,地震震中的分布如图 3.1(a)所示。溪洛渡水库地震监测台网运行以来到向家坝蓄水前,溪洛渡库区和邻近地区共取得地震记录 6257 次,其中,小于 1.0 级地震 775 次,1.0~1.9 级地震 3241 次,2.0~2.9 级地震 1861 次,3.0~3.9 级地震 337 次,4.0~4.9 级地震 39 次,5.0~5.9 级地震 4 次,最大地震为 2012 年 9 月 7 日发生在云南昭通彝良的 5.6 级地震,地震震中的分布如图 3.1(b)所示。

从图 3.1 中可以看出,自溪洛渡水库地震监测台网运行以来所监测到的地震,地震震中的分布与 2008 年之前的格局基本相同,溪洛渡库区及周边地区天然地震集中分布在四川的马边、珙县,云南的盐津、巧家及昭通、鲁甸等地。

对于水电工程而言,判断水库蓄水后在库水的影响范围内是否诱发了地震,就需要对水库蓄水前后库区地震活动的特点进行对比分析,分析的内容主要包括地震震中分布、

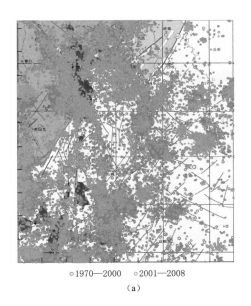

○ 1970—2000　● 2001—2008

（a）

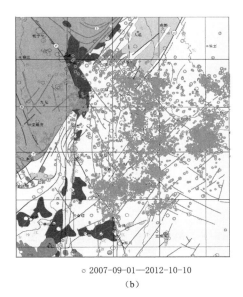

○ 2007-09-01—2012-10-10

（b）

图 3.1　溪洛渡库区及周边地区地震震中分布

地震频度、强度、震源深度及 b 值的变化等。对于水库诱发地震，在某种程度上一定与水库的蓄水相关联。由于库水影响的范围一般不超过第一分水岭，亦即 10km 左右，个别区段由于断裂带穿过库区或支流等因素，适当扩大了库水的影响范围，但一般不超过 30km。因此，对于库区天然地震活动特点的统计，取值范围界定在水库两岸各 30km。图 3.2 为溪洛渡水电站库区天然地震本底的统计范围和地震震中的空间分布情况，区内地震参数的统计见表 3.1 和表 3.2。

表 3.1　　　　金沙江溪洛渡水电站库区分段地震活动频次统计和月均地震频度

（2007 - 09 - 01—2012 - 10 - 31）

库区分段	0～0.9	1.0～1.9	2.0～2.9	3.0～3.9	4.0～4.9	合计	月频度（ML≥0）
Ⅰ	82	122	4	1	0	209	3.37
Ⅱ	96	60	6	1	0	163	2.63
Ⅲ	38	56	10	1	0	105	1.69
Ⅳ	16	28	3	0	0	47	0.76
Ⅴ	9	4	0	0	0	13	0.21
Ⅵ	13	31	5	0	0	49	0.79
Ⅶ	21	44	8	1	1	75	1.21
合计	275	345	36	4	1	661	10.66

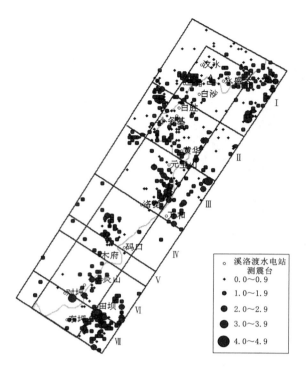

图 3.2 金沙江溪洛渡水电站库区分段和震中分布

(2007 - 09 - 01—2012 - 10 - 31)

表 3.2 金沙江溪洛渡水电站库区分段地震震源深度统计

(2007 - 09 - 01—2012 - 10 - 31)

库区分段	$h>20km$		$5km≤h≤20km$		$h<5km$	
	地震次数	比例/%	地震次数	比例/%	地震次数	比例/%
Ⅰ	8	3.8	183	87.6	18	8.6
Ⅱ	4	2.4	140	85.9	19	11.7
Ⅲ	3	2.8	99	94.3	3	2.9
Ⅳ	0	0.0	45	95.7	2	4.3
Ⅴ	0	0.0	13	100.0	0	0.0
Ⅵ	1	2.0	35	71.5	13	26.5
Ⅶ	1	1.3	65	86.7	9	12.0

3.2 水库蓄水后地震活动特征

溪洛渡水电站于 2012 年 11 月 16 日封闭底孔，2013 年 5 月 4 日正式下闸，至 2017 年

12月31日，溪洛渡库区和邻近地区共取得地震记录51223次，其中，小于1.0级地震24684次，1.0～1.9级地震19910次，2.0～2.9级地震5577次，3.0～3.9级地震938次，4.0～4.9级地震99次，5.0～5.9级地震14次，最大地震为2014年8月3日发生在云南鲁甸的6.5级地震，地震震中的分布如图3.3所示。

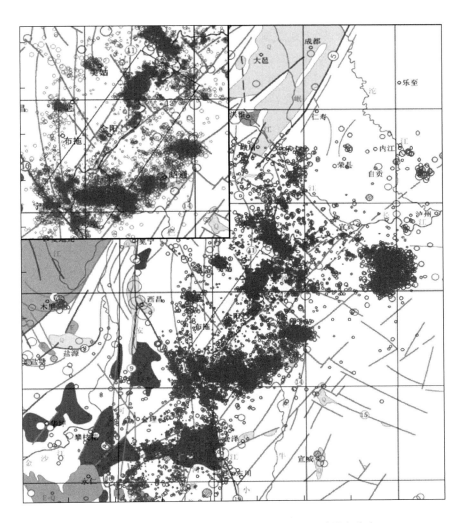

图3.3　溪洛渡蓄水之后库区及周边地区地震震中分布

对比图3.3和图3.1（b）可以看出，溪洛渡库区外围的地震活动仍集中分布在四川的珙县，云南的昭通、鲁甸和巧家等地。溪洛渡库区范围黄华至库尾段，在水库蓄水后近5年的时间，没有地震震中集中分布的现象，地震活动水平与水库蓄水前基本相当。只有溪洛渡坝址区到黄华的第一、二库段，发生了特殊的震情，地震活动水平显著增强，且与库水位抬升明显相关。

3.3　水库诱发地震类型判别

溪洛渡水库从 2012 年 11 月 16 日初期蓄水到 2017 年 12 月 31 日,第一、第二库段共取得地震记录 20973 次,其中,小于 1.0 级地震 15757 次,1.0～1.9 级地震 4709 次,2.0～2.9 级地震 446 次,3.0～3.9 级地震 53 次,4.0～4.9 级地震 6 次,5.0～5.9 级地震 2 次,最大地震为 2014 年 4 月 5 日发生在云南永善的 5.6 级地震。发生在第一、第二库段地震的震中分布如图 3.4 所示,地震日频次与库水位的关系见图 3.5,地震时序与库水位的关系如图 3.6 所示。溪洛渡库首区(含第一、第二库段)水库蓄水前后地震频度对比见表 3.3,震源深度对比见表 3.4。

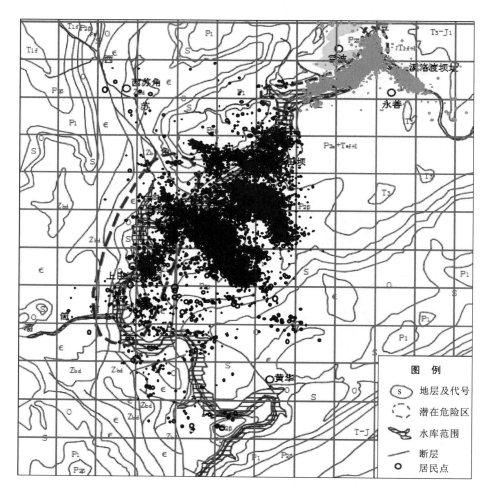

图 3.4　溪洛渡库首区水库蓄水之后地震震中分布

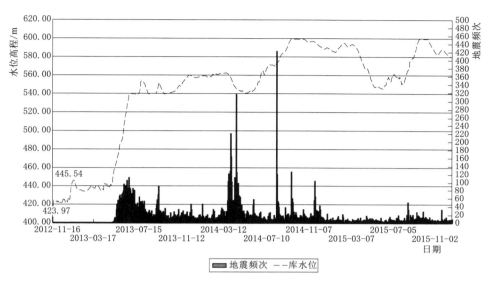

图 3.5　地震日频次与库水位的关系

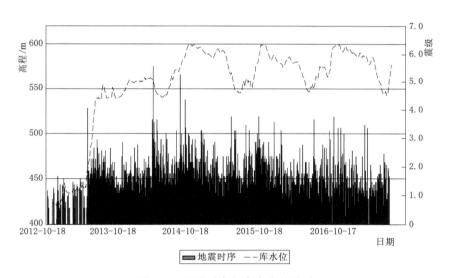

图 3.6　地震时序与库水位的关系

表 3.3　　　　　　　溪洛渡水电站第一、第二库段水库蓄水前后地震频度对比

库区分段		0~0.9	1.0~1.9	2.0~2.9	3.0~3.9	4.0~4.9	5.0~5.9	合计	月频度 （ML≥0）
水库蓄水前	Ⅰ	82	122	4	1	0		209	3.37
	Ⅱ	96	60	6	1	0		163	2.63
	合计	178	182	10	2	0		372	6
水库蓄水后	合计	15757	4709	446	53	6	2	20973	349.5

表 3.4　　　　　　　溪洛渡水电站第一、第二库段水库蓄水前后震源深度对比

库 区 分 段		$h>20km$		$5km \leqslant h \leqslant 20km$		$h<5km$	
		地震次数	比例/%	地震次数	比例/%	地震次数	比例/%
水库蓄水前	Ⅰ	8	3.8	183	87.6	18	8.6
	Ⅱ	4	2.4	140	85.9	19	11.7
	合计	12	3.23	323	86.83	37	9.95
水库蓄水后	Ⅰ、Ⅱ合计	0	0	8649	41.24	12324	58.76

从图 3.4 可以看出,地震震中在第一库段主要沿豆沙溪沟—油房沟金沙江的左岸分布,在坝址区的下游也存在地震沿江分布的情况,地震震中基本没有超出水库诱发地震危险性预测范围。在第二库段地震主要在吴家田坝到务基之间金沙江的右岸分布。该库段在库水抬升的过程中分别于 2014 年 4 月 5 日白胜和 8 月 17 日务基发生了 Ms5.3 级和Ms5.0 级地震,两次余震震中的分布大致呈北西方向。地震震中距离金沙江均未超过10km,在库水的影响范围之内。

从图 3.5 和图 3.6 可以看出,发生在溪洛渡库首区的地震与库水的抬升明显相关。从表 3.3 可以看出,水库蓄水后近 5 年间的月频度为 349.5 次,是水库蓄水前月频度 6 次的58 倍,地震的月频度显著提高。

从表 3.4 水库蓄水前后震源深度的对比可以看出,水库蓄水后,震源深度小于 5km的占比达到 58.76%,而水库蓄水前的天然地震,占比只有 9.95%;5~20km 震源深度水库蓄水后占比 41.24%,蓄水前占比 86.83%;水库蓄水后震源深度没有超过 20km 的地震,蓄水前震源深度超过 20km 的地震,占比为 3.23%。总体而言,水库蓄水后震源深度小于 10km 的地震,占比达到 98.5%,符合水库诱发地震的一般规律。

在地震强度上,截止到 2017 年 12 月 31 日,第一库段最大地震为 ML3.0 级,未超出预测的 Ms3.0 级;第二库段最大地震为 Ms5.3 级,和该区段水库诱发地震危险性预测的强度 $Ms\dfrac{c}{\lambda}5.0$ 级基本相当。因此,发生在溪洛渡第一库段的地震应为岩溶塌陷型水库诱发地震,第二库段为构造型水库诱发地震。

第 4 章

水库地震时频参数统计特征

4.1 研 究 方 法 概 述

4.1.1 时频分析方法概述

　　信号在自然界和现实生活中是普遍存在的，世界上任何事物的运动变化都会伴随着信号的产生，如发生地震时产生的地震信号等。这些信号通常表现为时间或空间的函数，称之为时域信号。信号是信息的载体和表现形式，所以，信号分析与处理的目的就是揭示信号内蕴含的信息。

　　早期对地震波信号的处理主要在时域内进行分析，如傅里叶变换、小波分析、短时傅里叶变换（STFT）等，但都是基于线性空间的理论，对于非线性的地震波信号而言，并不能完全提示地震波信号包含的信息，时频分析方法应运而生。时频分析是一种非线性的时频表示，它有别于线性时频表示，其实质是将信号的能量分布于时频平面内，常用的非线性时频表示有维格纳-威利（Wigner – Ville，下文称 WV）时频分布、马根诺-希尔（Margenau – Hill）时频分布、乔伊-威廉斯（Choi – Williams）时频分布以及赵-阿特拉斯-马克斯时频分布（Zhao – Atlas – Marks）时频分布，波恩-约旦（Born – Jordan）时频分布等。无论是哪一种非线性时频分布，基础都是 WV 分布。

　　时频分析的主要研究对象是时变或非平稳信号，而信号通常可以表示为时间的函数。基于傅氏变换，信号亦可分解为不同频率分量之和的形式，也就是说，信号也能以频率为自变量来表示，称之为频谱。传统的信号分析中，平稳的随机信号常用其二阶统计量来表征：时域用相关函数，频率用功率谱。功率谱实质上是一种频域的能量密度分布，因此可将其视为频域分布。

　　基于傅氏变换的信号频域表示及其能量频域分布揭示了信号在频域的特征，该方法在传统的信号分析与处理中发挥了极其重要的作用。然而，傅氏变换作为一种整体变换，即对信号的表征要么完全在时域，要么完全在频域，作为频域表示的频谱或功率谱并不能告诉我们其中的某种频率分量出现在什么时候以及它的变化情况。而对于地震动而言，信号是非平稳的，其统计量（如相关函数、功率谱等）是时变函数。只了解信号在时域或频域的全局特性是远远不够的，理想的情况是得到信号频谱随时间变化的情况。为此，需要使用时间和频率的联合函数来表示信号，这种表示称为信号的时频表示。时频表示分为线性时频表示和非线性时频表示。

时频分析的主要任务是描述信号的频谱含量是怎样随时间变化的，研究并了解时变频谱在数学和物理上的概念和含义。时频分析的最终目的是要建立一种分布，以便能在时间和频率上同时表示信号的能量或者强度，得到这种分布后，就可以对信号进行分析、处理，提取信号中包含的特征信息。

1. 时频分析方法——能量分布

信号在时域和频域的能量可以下式表示

$$E_x = \int_{-\infty}^{+\infty} |x(t)|^2 \mathrm{d}t = \int_{-\infty}^{+\infty} |X(v)|^2 \mathrm{d}v \tag{4.1}$$

式中：$|x(t)|^2$ 和 $|X(v)|^2$ 分别为信号在时域和频域的能量密度。

同理，信号在时频域内的能量可以用式（4.2）表示：

$$E_x = \int_{-\infty}^{+\infty}\int_{-\infty}^{+\infty} \rho_x(t,v) \mathrm{d}t \mathrm{d}v \tag{4.2}$$

式中：$\rho_x(t,v)$ 为信号的联合时间频率密度，是信号的二次函数，时频能量分布通常具有二次型的形式。

能量分布还满足如下的边际性质：

$$\int_{-\infty}^{+\infty} \rho_x(t,v) \mathrm{d}t = |X(v)|^2 \tag{4.3}$$

$$\int_{-\infty}^{+\infty} \rho_x(t,v) \mathrm{d}v = |x(t)|^2 \tag{4.4}$$

从物理意义上来说，一个时频分布的频率边际［式（4.3）］对应于能量谱密度，而时间边际［式（4.4）］对应于信号的瞬时能量。

2. 时频分析在地震波谱研究中的应用

张帆、钟羽云等（2006）采用维格纳-威利时频分布（WV）、波恩-约旦时频分布（BJ）、乔伊-威廉斯时频分布（CW）、赵-阿特拉斯-马克斯时频分布（ZAM）研究了四者之间抑制和消除交叉干扰项的特点，发现 ZAM 时频分析方法，抑制交叉干扰项的效果和时频聚集性更好。作者基于数值方法，设计了 3 个高斯元组成的理论信号，采样率1Hz，折叠频率为 0.5Hz。取第 1 个高斯核的频率中心为 0.3Hz，时间中心为 32s，持续时间为 32s，振幅为 1；第 2 个高斯核的频率中心为 0.15Hz，时间中心为 56s，持续时间为 48s，振幅为 1.22；第 3 个高斯核的频率中心为 0.41Hz，时间中心为 102s，持续时间为 20s，振幅为 0.7。数值合成信号及其时频图解如图 4.1 所示。

张帆、钟羽云等（2006）分别计算得到信号的 WV、BJ、CW、ZAM 四种时频分布如图 4.2 所示。

由图 4.2 可以看出，ZAM 时频分布消除交叉干扰项和时频聚集的特性更显著。因此，用 ZAM 时频分布表示地震波能更好地揭示地震波的频率和时间的变化关系。基于此，在本项研究中关于金沙江下游地区地震波谱分析采用 ZAM 时频分布分析方法。

具体步骤如下：

（1）根据数采标定计算结果，将数采记录到的整型数字量转换成速度量。

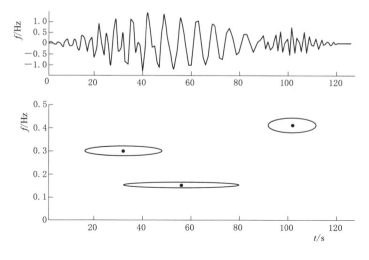

图 4.1　数值合成 3 个高斯元及其时频图解

（引自张帆，钟羽云，朱新运等. 时频分析方法及其在地震波谱研究中的应用 [J].

地震地磁观测与研究，2006（4）：17 - 22）

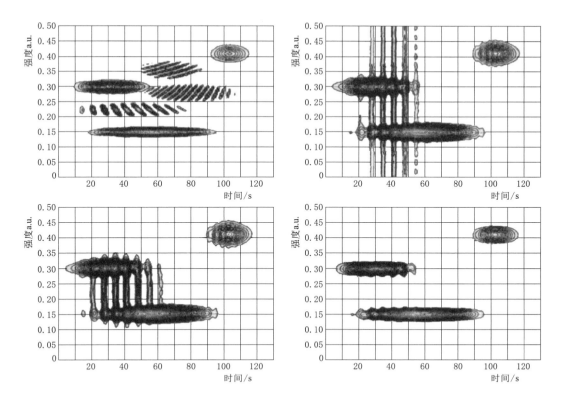

图 4.2　图 4.1 中信号的 WV、BJ、CW、ZAM 时频分布的比较

（引自张帆，钟羽云，朱新运等. 时频分析方法及其在地震波谱研究中的应用 [J].

地震地磁观测与研究，2006（4）：17 - 22）

（2）去除直流分量，再读入仪器零极点文件得到传递函数，用地震记录的频谱除以传递函数，扣除仪器响应后经逆傅里叶变换恢复地动速度。

（3）根据仪器的频带范围进行带通滤波（［0.6Hz 35Hz］），滤波后的数据积分得到位移记录。

（4）读取震相报告，选取震中距 15km 范围内的台站数据，分别截取 P 波和 S 波记录。S 波截取原则为：计算台站 3 分向 P 波前 2S 背景噪声最大值 V_{max}，当 S 波衰减至 1.5 倍 V_{max} 时截断 S 波。分别对 P 波和 S 波进行 Hilbert 变换得到它们的解析信号，求出赵-阿特拉斯-马克斯（ZAM）时频分布，以及 P 波和 S 波的平均频率 f_m、频率散布 F、平均时间 t_m、时间散布 T。最终，时频分布以等值线的形式给出。

4.1.2　定义和解释

1. 速度位移曲线图

速度位移曲线采用的是地震观测台站采集到的速度信号数据，经过去除仪器响应，消除线性趋势项，并用传感器的灵敏度对数据进行标定，将原来的电压转换为速度。时段的截取为，时间起点为 P 波到时，终点为垂直向为 S 波到时之后波形的均方根值小于 P 波到时之前三个方向最大本底噪声均方根值的 1.5 倍。速度曲线的单位是 $\mu m/s$。

（1）速度曲线图。速度曲线图由三个部分组成，即东西向图、南北向图和垂直向图（图 4.3）。每个图有两条曲线，蓝色的是由未经处理的数据构成的；红色的是经过自适应高通滤波处理的，目的是消除低频干扰。

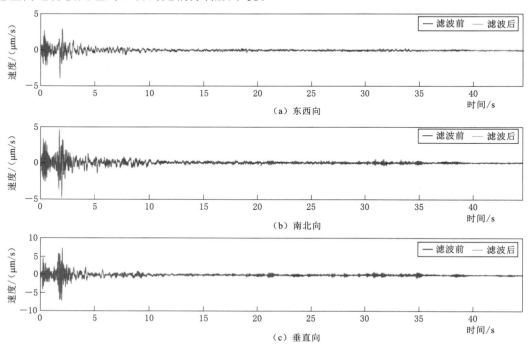

图 4.3　三分量地震波速度曲线

（2）位移曲线图。位移曲线图是按照累积梯形积分法对速度信号数据积分而得，由三个部分组成，即东西向图，南北向图和垂直向图（图 4.4）。图上曲线的时间长度与速度曲线相同，由前后两个部分构成，前面蓝色的是 P 波到时至 S 波到时前时段的波形，后面红色的是 S 波到时至之后时段的全部波形。数值积分是用梯形法来计算的。位移曲线的单位是 μm。

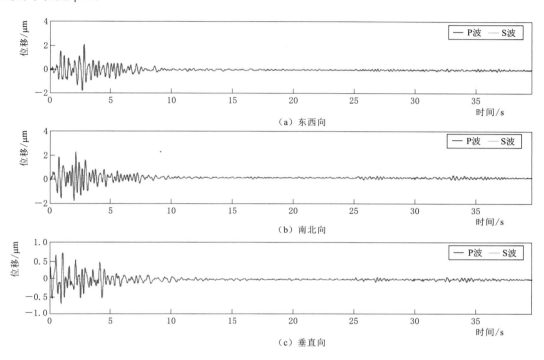

图 4.4　三分量地震波位移曲线

2. 时频分析图

这里采用的是赵-阿特拉斯-马克斯方法（ZAM），由 Y. Zhao，L. E. Atlas 等于 1990 年提出的一种时频分布。ZAM 为信号时频分析方法，既能有效提高了分辨率，还具有很好的交叉项抑制能力和较好的时频聚集性。其核函数为锥形核函数，研究表明，拥有此类核函数的时频方法适合对数字地震波等非平稳信号进行分析。

时间窗口的截取是这样的，对于垂直向的波形取 P 波到时至 S 波到时之前时段的数据，而水平向的波形取 S 波到时至之后时段的全部数据，也就是波形的均方根值小于最大本底噪声均方根值的 1.5 倍处。

解析信号：实信号 $u(t)$，它的希尔伯特变换为 $v(t)$，则 $u(t)+j^{*}v(t)=z(t)$ 就是解析信号。在实信号分析中，利用构建解析信号的方法，可以得到一个实信号在复空间的映射，解析信号的实部与虚部互为希尔伯特变换，而希尔伯特变换就是 90♯ 相移，因此，解析信号就是实信号自身的一种特殊翻版，采用它，可以估计实信号的瞬时频率，这是在实信号分析与处理中，构建解析信号的主要目的。

在时频分析中需要用解析信号,解析信号是一个实信号与其复信号的组合,如下:

$$q(t) = x(t) + j^* y(t)$$

$q(t)$ 为实信号 $x(t)$ 的解析信号,其中,$y(t)$ 是 $x(t)$ 的 Hilbert 变换。通过对截取的 P 波和 S 波做 Hilbert 变换,得到它们的解析信号,输出结果如图 4.5 所示。

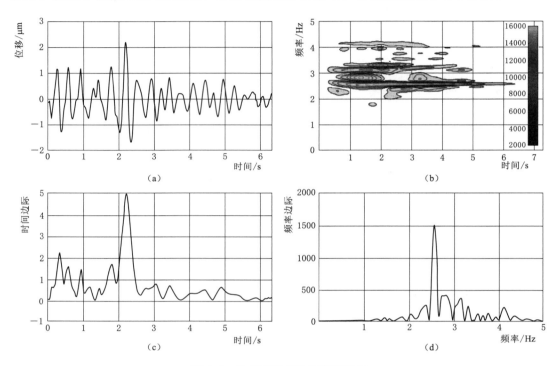

图 4.5　地震波能量密度时频特征

(1) 位移曲线图。该位移曲线的时间窗口和时频分布是对应的。

(2) 时频分布图。信号 $x(t)$ 的 ZAM 分布可表示为

$$ZAM_x(t,v) = \int_{-\infty}^{\infty} \left[h(\tau) \varphi(t,\tau) \right] e^{-j2\pi f\tau} \mathrm{d}\tau \tag{4.5}$$

式中:$h(\tau)$ 为窗函数,$\varphi(t,\tau)$ 为核函数,可表示为

$$\varphi(t,\tau) = \int_{t-|\tau|/2}^{t+|\tau|/2} x\left(s + \frac{\tau}{2}\right) x^*\left(s - \frac{\tau}{2}\right) \mathrm{d}s \tag{4.6}$$

式中:* 表示复共轭,ZAM 分布可看作 $\phi(t,\tau)$ 加窗 $h(\tau)$ 后的傅里叶变换。

(3) 时间边际图。时间边际是时频表示的一个边缘分布,其定义为

$$m_f(t) = \int_{-\infty}^{\infty} tfr(t,f) \mathrm{d}f \tag{4.7}$$

在物理意义上,时频分布的时间边际对应信号的瞬间能量,即

$$m_f(t) = |x(t)|^2 \tag{4.8}$$

(4) 频率边际图。频率边际是时频表示的一个边缘分布,其定义为

$$m_t(f) = \int_{-\infty}^{\infty} tfr(t,f)\mathrm{d}t \tag{4.9}$$

在物理意义上，时频分布的频率边际对应于能量谱密度，即

$$m_t(f) = |X(f)|^2 \tag{4.10}$$

4.1.3　成果输出

对地震波形的分析主要包括：P 波的最大值、S 波的最大值、主频、中心频率和频带宽度（也可简称为带宽）等。

P 波的最大值、S 波的最大值和主频是用常规处理方法得到的。中心频率为平均频率的中心点，频率带宽为频率的分布。其中，信号 $x(t)$ 的中心频率的定义：

$$f_m = \frac{1}{E_x} \int_{-\infty}^{\infty} v \, |X(v)|^2 \mathrm{d}v \tag{4.11}$$

频率带宽的定义：

$$B = 2\sqrt{\frac{\pi}{E_x} \int_{-\infty}^{\infty} (v - f_m)^2 \, |X(v)|^2 \mathrm{d}v} \tag{4.12}$$

式中：E_x 是信号能量，且假定信号能量是有限的，其定义为

$$E_x = \int_{-\infty}^{\infty} |x(t)|^2 \mathrm{d}t < \infty \tag{4.13}$$

$X(v)$ 是 $x(t)$ 的傅里叶变换。

各监测台站垂直向的主频、平均频率和频率带宽是采用 P 波的时段，即 P 波到时至 S 波到时前。

4.2　计 算 成 果 统 计 分 析

根据溪洛渡水库地震类型的划分，在地震波形分析处理时即分别展开。根据溪洛渡水电站蓄水时间，2012 年 11 月 16 日之前发生在库区的地震为天然地震，之后发生在库区的地震为水库地震。并根据水库诱发地震危险性预测成果，发生在库首区的地震为岩溶塌陷型水库诱发地震，务基段亦即第二库段发生的地震为构造型水库诱发地震。现就这三种类型的地震所取得的地震波形记录，采用赵–阿特拉斯–马克斯方法（ZAM）得到的地震波时频参数——主频、中心频率和地震波的带宽数据的基本情况进行统计分析，为后续针对性地研究奠定基础。

4.2.1　天然地震时频分布统计特征

为了使地震波形记录的质量不受仪器设备、台站位置、震中距的影响，溪洛渡库区的天然地震也选自金沙江下游梯级水电站水库地震监测系统 2007 年 7 月运行以来取得的地震记录。通过对地震数据波形完整性、可分辨性的甄别，在距离溪洛渡坝址区以及务基库段 30km 的范围内，地震记录共 62 次，其中：ML0.0～0.9 级 33 次，ML1.0～1.9 级 24 次，ML2.0～2.9 级 3 次，ML3.0～3.9 级 2 次，最大地震为 2008 年 7 月 15 日发生

在马劲子断层附近的 ML3.5 级地震。地震震中空间分布如图 4.6 所示。

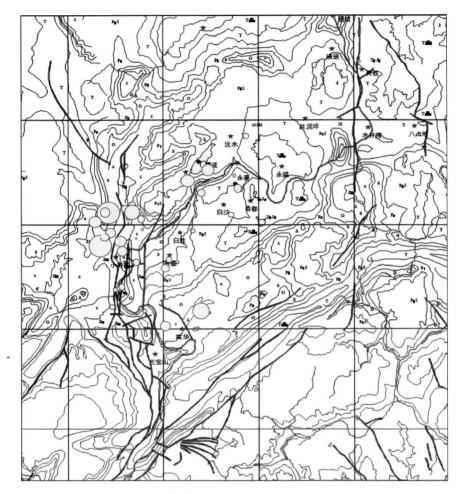

图 4.6　溪洛渡库区天然地震震中空间分布

62 次天然地震，测震台站取得的数字地震波形记录共 272 条，其中 ML1.0 级及以上地震波形数据 122 条。各个测震台站 EW、SN 和 UP 向主频、中心频率和带宽的计算结果统计值见表 4.1，占比见表 4.2，频率分布见图 4.7～图 4.12。

表 4.1　　　　　　　　　　　　溪洛渡库区天然地震三分量谱值一览表

频率 /Hz	EW			SN			UP		
	主频 /%	中心频率 /%	带宽 /%	主频 /%	中心频率 /%	带宽 /%	主频 /%	中心频率 /%	带宽 /%
0	5	0	0	1	0	0	1	0	0
1	49	2	0	53	2	0	31	1	0
2	30	20	0	36	33	0	29	3	0

续表

频率 /Hz	EW			SN			UP		
	主频 /%	中心频率 /%	带宽 /%	主频 /%	中心频率 /%	带宽 /%	主频 /%	中心频率 /%	带宽 /%
3	21	45	0	14	38	3	3	7	0
4	12	28	6	11	30	5	15	17	0
5	1	8	9	2	6	7	16	25	0
6	2	9	3	0	5	11	7	22	0
7	1	6	13	1	3	16	5	19	3
8	1	0	10	0	1	15	3	12	4
9		1	9	0	0	11	1	3	3
10		0	12	0	0	10	1	3	3
11		1	10	0	0	10	1	3	3
12		0	9	0	1	2	2	1	8
13		0	3		2	4	2	4	6
14		1	5	2	0	6	1	1	7
15		0	4	2	0	4	3	1	7
16		1	6		1	5	1		2
17			4			1			8
18			5			2			3
19			2			4			5
20			3			2			10
21			2			1			8
22			3			1			7
23			0			0			9
24			2			0			3
25			1			0			2
26			0			0			8
27			1			0			6
28						2			2
29									3
30									1
31									1
合计	122	122	122	122	122	122	122	122	122

表 4.2 溪洛渡库区天然地震三分量谱值占比一览表

频率/Hz	EW			SN			UP		
	主频/%	中心频率/%	带宽/%	主频/%	中心频率/%	带宽/%	主频/%	中心频率/%	带宽/%
0	4.1	0.0	0.0	0.8	0.0	0.0	0.8	0.0	0.0
1	40.2	1.6	0.0	43.4	1.6	0.0	25.4	0.8	0.0
2	24.6	16.4	0.0	29.5	27.0	0.0	23.8	2.5	0.0
3	17.2	36.9	0.0	11.5	31.1	2.5	2.5	5.7	0.0
4	9.8	23.0	4.9	9.0	24.6	4.1	12.3	13.9	0.0
5	0.8	6.6	7.4	1.6	4.9	5.7	13.1	20.5	0.0
6	1.6	7.4	2.5	0.0	4.1	9.0	5.7	18.0	0.0
7	0.8	4.9	10.7	0.8	2.5	13.1	4.1	15.6	2.5
8	0.8	0.0	8.2	0.0	0.8	12.3	2.5	9.8	3.3
9	0.0	0.8	7.4	0.0	0.0	9.0	0.8	2.5	2.5
10	0.0	0.0	9.8	0.0	0.0	8.2	0.8	2.5	2.5
11	0.0	0.8	8.2	0.0	0.0	8.2	0.0	2.5	2.5
12	0.0	0.0	7.4	0.0	0.8	1.6	1.6	0.8	6.6
13	0.0	0.0	2.5	0.0	1.6	3.3	1.6	3.3	4.9
14	0.0	0.8	4.1	1.6	0.0	4.9	0.8	0.8	5.7
15	0.0	0.0	3.3	1.6	0.0	3.3	2.5	0.8	5.7
16	0.0	0.0	4.9	0.0	0.0	4.1	0.8	0.0	1.6
17	0.0	0.0	3.3	0.0	0.0	0.8	0.0	0.0	6.6
18	0.0	0.0	4.1	0.0	0.0	1.6	0.0	0.0	2.5
19	0.0	0.0	1.6	0.0	0.0	3.3	0.0	0.0	4.1
20	0.0	0.0	2.5	0.0	0.0	1.6	0.0	0.0	8.2
21	0.0	0.0	1.6	0.0	0.0	0.8	0.0	0.0	6.6
22	0.0	0.0	2.5	0.0	0.0	0.8	0.0	0.0	5.7
23	0.0	0.0	0.0	0.0	0.0	0.0	0.0	0.0	7.4
24	0.0	0.0	1.6	0.0	0.0	0.0	0.0	0.0	2.5
25	0.0	0.0	0.8	0.0	0.0	0.0	0.0	0.0	1.6
26	0.0	0.0	0.0	0.0	0.0	0.0	0.0	0.0	6.6
27	0.0	0.0	0.8	0.0	0.0	0.0	0.0	0.0	4.9
28	0.0	0.0	0.0	0.0	0.0	1.6	0.0	0.0	1.6
29	0.0	0.0	0.0	0.0	0.0	0.0	0.0	0.0	2.5
30	0.0	0.0	0.0	0.0	0.0	0.0	0.0	0.0	0.0
31	0.0	0.0	0.0	0.0	0.0	0.0	0.0	0.0	0.8
32	0.0	0.0	0.0	0.0	0.0	0.0	0.0	0.0	0.0
33	0.0	0.0	0.0	0.0	0.0	0.0	0.0	0.0	0.0
34	0.0	0.0	0.0	0.0	0.0	0.0	0.0	0.0	0.8
合计	100	100	100	100	100	100	100	100	100

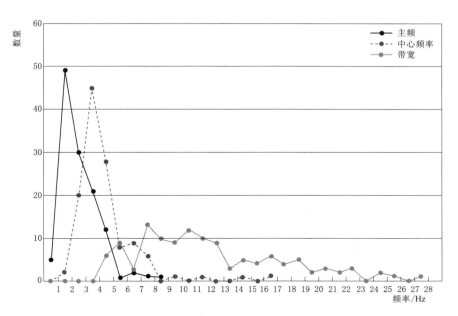

图 4.7　测震台站东西向（EW）主频、中心频率、带宽分布

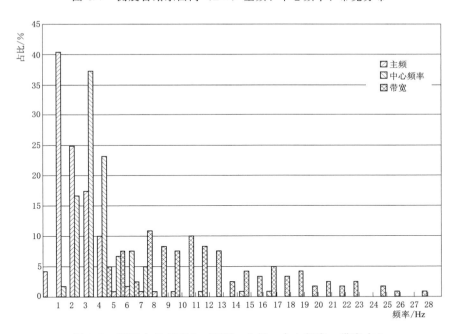

图 4.8　测震台站东西向（EW）主频、中心频率、带宽占比

为了进行数据的对比分析，天然地震也是在水库地震监测台网 0.5 级监测能力范围内，这样可以保证数据的可靠性。从地震的强度来看，溪洛渡水库蓄水前发生在库区范围内的地震，以微震、弱震为主，震源深度 90％以上小于 10km。从对计算结果的统计图可以得出如下的结论：

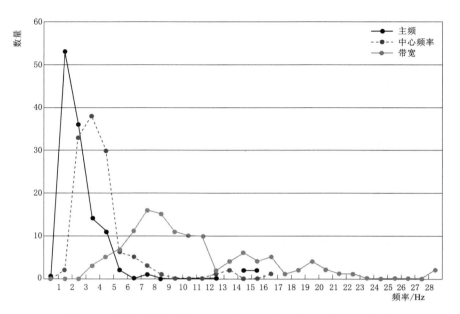

图 4.9　测震台站南北向（SN）主频、中心频率、带宽分布图

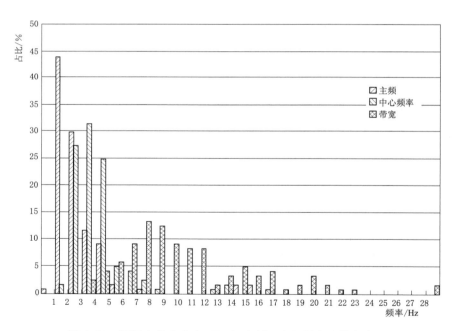

图 4.10　测震台站南北向（SN）主频、中心频率、带宽占比

　　水平向地震波（包括 EW、SN）：中心频率绝大部分在 2～7Hz 之间，占比达到 94%以上；主频在 1～4Hz 之间，占比达到 91.8%以上，其中主频在 1～1.9Hz 的又占到 40%以上；带宽在 4～23Hz 之间，但以 7～11Hz 为主。

　　垂直向（UP）：中心频率在 3～8Hz 之间，各频段的占比相差不大；主频在 1～7Hz

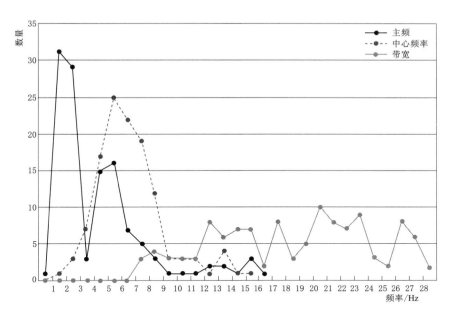

图 4.11 测震台站垂直向（UP）主频、中心频率、带宽分布图

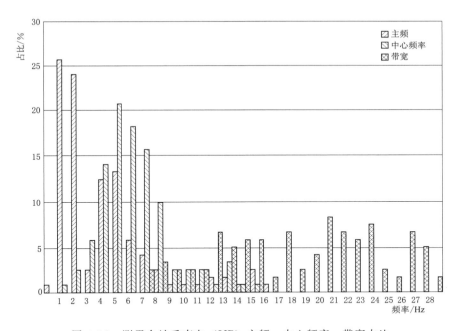

图 4.12 测震台站垂直向（UP）主频、中心频率、带宽占比

之间，集中分布在 1～2Hz，占比接近 50%；带宽在 7～27Hz 之间，集中分布的现象不明显。

水库蓄水前位于库区第一、第二库段的 10 个测震台站所记录的 62 次天然地震 272 条数字地震波的主频、中心频率、带宽平均值分别如下。

EW：2.6Hz、4.4Hz、12.0Hz；

SN：2.8Hz、4.2Hz、10.7Hz；

UP：4.5Hz、6.8Hz、19.1Hz。

4.2.2　构造型水库地震时频分布统计特征

溪洛渡水库蓄水以来，发生在库区白胜—黄华区段的地震，根据库区地震与水库蓄水进程相关的研究，认为本区段的地震与库水位的变化存在明显的相关关系。结合前期科研成果，认为溪洛渡水库蓄水之后发生在本区段的地震为构造型水库诱发地震。

溪洛渡水库白胜—黄华区段，自水库蓄水（2012 年 11 月 16 日）至 2017 年 7 月，库区范围内共发生地震 14000 余次，选择了其中的 977 次地震进行地震波时频分析。这 977 次地震中，ML1.0～1.9 级 682 次，ML2.0～2.9 级 246 次，ML3.0～3.9 级 42 次，ML4.0～4.9 级 5 次，ML5.0～5.9 级 2 次，最大地震为 2014 年 4 月 5 日发生在白胜乡附近的 Ms5.3 级地震，地震震中空间分布如图 4.13 所示。

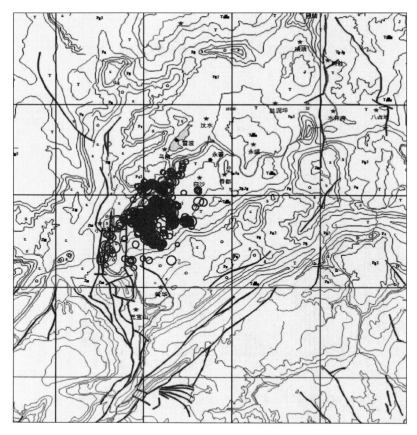

图 4.13　溪洛渡库区务基区段地震震中空间分布

水库蓄水之后发生在白胜—黄华区段内的 977 次地震，10 个测震台站共取得 6518 条数字波形地震记录，通过对每条地震数字地震的特征量（P 波段的最大值、S 波段的最大

值）的提取与时频分析计算，地震波的主频、中心频率和带宽的频率分布统计结果见表
4.3，占比见表4.4。频率分布见图4.14～图4.19。

表4.3　　　　　　　　　　溪洛渡库区务基区段地震三分量谱值一览表

频率 /Hz	EW			SN			UP		
	主频/%	中心频率/%	带宽/%	主频/%	中心频率/%	带宽/%	主频/%	中心频率/%	带宽/%
0	578	10	0	571	8	0	156	5	0
1	3339	1168	15	3150	917	7	1373	374	0
2	1216	2037	145	1523	2216	109	1111	656	7
3	765	1347	367	739	1548	313	672	942	34
4	537	1048	599	355	944	565	642	925	58
5	30	348	734	54	233	760	928	861	126
6	9	200	805	19	160	834	412	772	193
7	3	158	788	2	118	795	142	484	307
8	5	88	614	4	114	663	109	324	362
9	2	53	395	0	83	454	117	223	412
10	6	35	301	9	65	360	82	203	475
11	9	18	245	3	42	253	45	212	495
12	2	6	224	6	33	203	43	276	485
13	1	1	173	21	24	158	323	189	472
14	0	1	209	41	7	126	224	49	437
15	11		184	8	3	109	72	13	356
16	2		141	0	1	117	17	6	316
17	1		114	0	2	87	29	2	319
18	2	0	465	13	0	605	21	2	1664
总计	6518								

表4.4　　　　　　　　　　溪洛渡库区务基区段地震三分量谱值占比一览表

频率 /Hz	EW			SN			UP		
	主频/%	中心频率/%	带宽/%	主频/%	中心频率/%	带宽/%	主频/%	中心频率/%	带宽/%
0	8.9	0.2	0.0	8.8	0.1	0.0	2.4	0.1	0.0
1	51.2	17.9	0.2	48.3	14.1	0.1	21.1	5.7	0.0
2	18.7	31.3	2.2	23.4	34.0	1.7	17.0	10.1	0.1
3	11.7	20.7	5.6	11.3	23.7	4.8	10.3	14.5	0.5
4	8.2	16.1	9.2	5.4	14.5	8.7	9.8	14.2	0.9
5	0.5	5.3	11.3	0.8	3.6	11.7	14.2	13.2	1.9
6	0.1	3.1	12.4	0.3	2.5	12.8	6.3	11.8	3.0
7	0.0	2.4	12.1	0.0	1.8	12.2	2.2	7.4	4.7

续表

频率 /Hz	EW			SN			UP		
	主频/%	中心频率/%	带宽/%	主频/%	中心频率/%	带宽/%	主频/%	中心频率/%	带宽/%
8	0.1	1.4	9.4	0.1	1.7	10.2	1.7	5.0	5.6
9	0.0	0.8	6.1	0.0	1.3	7.0	1.8	3.4	6.3
10	0.1	0.5	4.6	0.1	1.0	5.5	1.3	3.1	7.3
11	0.1	0.3	3.8	0.0	0.6	3.9	0.7	3.3	7.6
12	0.0	0.1	3.4	0.1	0.5	3.1	0.7	4.2	7.4
13	0.0	0.0	2.7	0.3	0.4	2.4	5.0	2.9	7.2
14	0.0	0.0	3.2	0.6	0.1	1.9	3.4	0.8	6.7
15	0.2	0.0	2.8	0.1	0.0	1.7	1.1	0.2	5.5
16	0.0	0.0	2.2	0.0	0.0	1.8	0.4	0.0	4.8
17	0.0	0.0	1.7	0.0	0.0	1.3	0.4	0.0	4.9
18	0.0	0.0	7.1	0.2	0.0	9.3	0.3	0.0	25.5
合计	100								

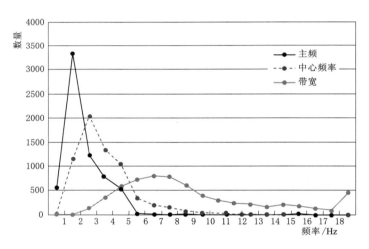

图 4.14　测震台站东西向（EW）主频、中心频率、带宽分布

根据时频分析计算的结果得出如下结论。

水平向地震波（包括 EW、SN）：中心频率绝大部分在 1～4Hz 之间，占比达到 90% 以上，以 1～1.9Hz 之间占比最大，达到 30% 以上；主频在 0～4Hz 之间，占比达到 97.2% 以上，其中主频在 1～1.9Hz 的又占到 48.3% 以上；带宽在 2～14Hz 之间，但以 4～8Hz 为主。

垂直向（UP）：中心频率在 1～13Hz 之间，最大占比未超过 15%，但在 2～6Hz 占比较大，达到 63.8% 以上；主频在 1～6Hz 之间，但在该范围之外的 13Hz、14Hz 也有少

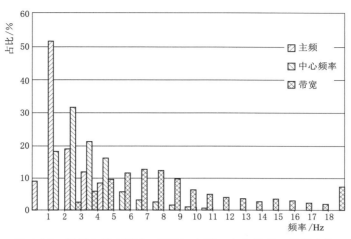

图 4.15 测震台站东西向（EW）主频、中心频率、带宽占比

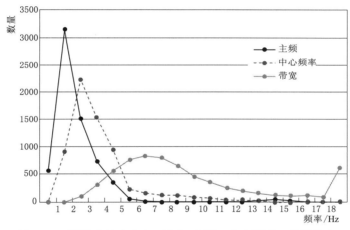

图 4.16 测震台站南北向（SN）主频、中心频率、带宽分布

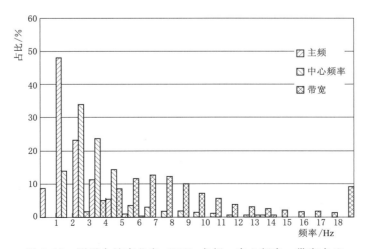

图 4.17 测震台站南北向（SN）主频、中心频率、带宽占比

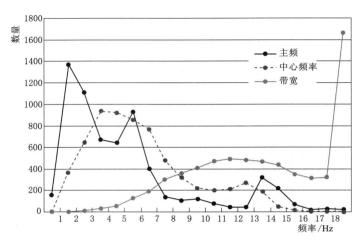

图 4.18　测震台站垂直向（UP）主频、中心频率、带宽分布

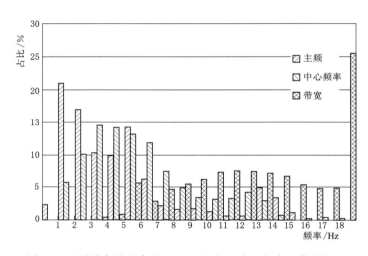

图 4.19　测震台站垂直向（UP）主频、中心频率、带宽占比

量的占比，在 9% 左右；带宽在 5～27Hz 之间，集中分布的现象不明显，但以 10～14Hz 占比相对较大。

水库蓄水后位于库区第一、第二库段的 10 个测震台站所记录的 977 次构造型水库诱发地震，6518 条地震波的主频、中心频率、带宽平均值分别如下。

EW：2.18Hz、3.46Hz、9.18Hz（天然地震 2.6Hz、4.4Hz、12.0Hz）；

SN：2.30Hz、3.62Hz、9.43Hz（天然地震 2.8Hz、4.2Hz、10.7Hz）；

UP：5.04Hz、6.06Hz、14.67Hz（天然地震 4.5Hz、6.8Hz、19.1Hz）。

4.2.3　岩溶型水库地震时频分布统计特征

溪洛渡水电站于 2012 年 11 月 16 日封堵导流洞，大坝底孔过流，开始第一阶段的蓄水，2013 年 5 月 4 日正式蓄水。第一阶段库水位抬高以后，就在坝址上游有微小的地震活动。水库正式蓄水之后，在大坝上、下游10km的范围内发生了密集的地震活动。通过地震的发生与水库蓄水进程相关关系的研究，发生在该区段内的地震，与库水位的抬升存在明显的相关关系，依据前期溪洛渡水电站水库诱发地震预测成果，确定发生在溪洛渡大坝上、下游10km范围内的地震为岩溶型水库地震。

自水库蓄水（2012年11月16日）至2017年7月，溪洛渡大坝上、下游10km范围内共发生地震4800余次，选择了其中的205次地震进行地震波时频分析。205次地震，其中ML1.0～1.9级184次，ML2.0～2.9级21次，最大地震为2014年12月6日发生在坝址下游万年场附近的ML2.8级地震，地震震中空间分布如图4.20所示。

图4.20 溪洛渡坝址区地震震中空间分布

对该段发生的205次地震中的889条数字地震波形记录进行特征量（P波段的最大值、S波段的最大值）的提取与计算分析，地震波的主频、中心频率和带宽分布统计见表4.5，占比见表4.6。频率分布如图4.21～图4.26所示。

表 4.5　　　　　　　　　　　　　　溪洛渡坝址区地震三分量谱值一览表

频率 /Hz	EW			SN			UP		
	主频/%	中心频率/%	带宽/%	主频/%	中心频率/%	带宽/%	主频/%	中心频率/%	带宽/%
0	74	0	0	50	0	0	36	1	0
1	497	231	3	564	240	2	344	86	0
2	188	450	48	156	426	45	154	230	0
3	102	150	143	105	149	186	126	264	3
4	25	37	205	13	43	200	85	153	19
5	2	16	173	1	19	141	60	51	41
6	1	1	101		6	72	30	31	47
7		3	35		5	58	10	19	79
8		0	33		0	32	2	17	109
9		0	33		1	26	0	13	96
10		1	19			11	1	12	81
11			23			11	3	6	94
12			16			11	1	6	52
13			10			8	15		55
14			13			10	20		18
15			9			13	2		34
16			7			12			33
17			12			13			13
18			6			38			115
总计					889				

表 4.6　　　　　　　　　　　　　　溪洛渡坝址区地震三分量谱值占比一览表

频率 /Hz	EW			SN			UP		
	主频/%	中心频率/%	带宽/%	主频/%	中心频率/%	带宽/%	主频/%	中心频率/%	带宽/%
0	8.3	0.0	0.0	5.6	0.0	0.0	4.0	0.1	0.0
1	55.9	26.0	0.3	63.4	27.0	0.2	38.7	9.7	0.0
2	21.1	50.6	5.4	17.5	47.9	5.1	17.3	25.9	0.0
3	11.5	16.9	16.1	11.8	16.8	20.9	14.2	29.7	0.3
4	2.8	4.2	23.1	1.5	4.8	22.5	9.6	17.2	2.1
5	0.2	1.8	19.5	0.1	2.1	15.9	6.7	5.7	4.6
6	0.1	0.1	11.4	0.0	0.7	8.1	3.4	3.5	5.3
7	0.0	0.3	3.9	0.0	0.6	6.5	1.1	2.1	8.9
8	0.0	0.0	3.7	0.0	0.0	3.6	0.2	1.9	12.3
9	0.0	0.0	3.7	0.0	0.1	2.9	0.0	1.5	10.8
10	0.0	0.1	2.1	0.0	0.0	1.2	0.1	1.3	9.1
11	0.0	0.0	2.6	0.0	0.0	1.2	0.3	0.7	10.6
12	0.0	0.0	1.8	0.0	0.0	1.2	0.1	0.7	5.8
13	0.0	0.0	1.1	0.0	0.0	0.9	1.7	0.0	6.2

频率 /Hz	EW			SN			UP		
	主频/%	中心频率/%	带宽/%	主频/%	中心频率/%	带宽/%	主频/%	中心频率/%	带宽/%
14	0.0	0.0	1.5	0.0	0.0	1.1	2.2	0.0	2.0
15	0.0	0.0	1.0	0.0	0.0	1.5	0.2	0.0	3.8
16	0.0	0.0	0.8	0.0	0.0	1.3	0.0	0.0	3.7
17	0.0	0.0	1.3	0.0	0.0	1.5	0.0	0.0	1.5
18	0.0	0.0	0.7	0.0	0.0	4.3	0.0	0.0	12.9
合计	100								

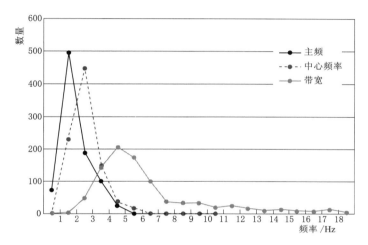

图 4.21 测震台站东西向（EW）主频、中心频率、带宽分布

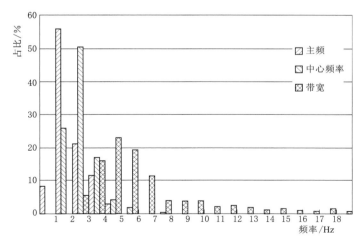

图 4.22 测震台站东西向（EW）主频、中心频率、带宽占比直方图

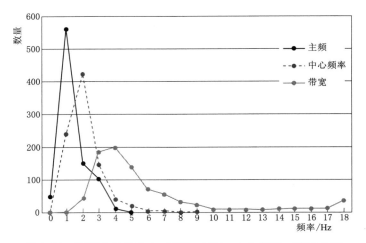

图 4.23　测震台站南北向（SN）主频、中心频率、带宽分布

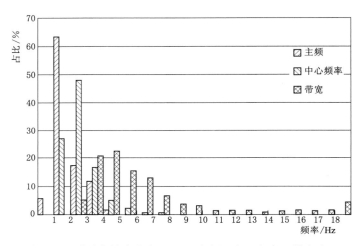

图 4.24　测震台站南北向（SN）主频、中心频率、带宽占比

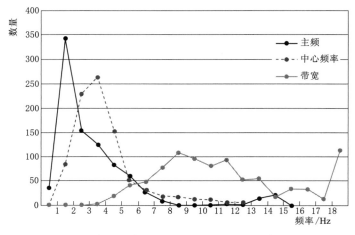

图 4.25　测震台站垂直向（UP）主频、中心频率、带宽分布

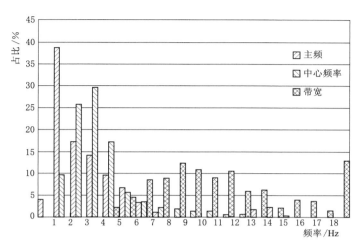

图 4.26 测震台站垂直向（UP）主频、中心频率、带宽占比

根据时频分析计算的结果：

水平向地震波（包括 EW、SN）：中心频率绝大部分在 1～4Hz 之间，占比达到 96.5%以上，以 2～3.9Hz 之间占比最大，达到 74.9%以上；主频在 0～4Hz 之间，占比达到 96.9%以上，其中主频在 1～1.9Hz 的又占到 55%以上；带宽在 2～9Hz 之间，但以 3～5Hz 为主。

垂直向（UP）：中心频率在 1～6Hz 之间，占比达到 91.7%，但在 2～4Hz 之间占比较大，达到 72.8%以上；主频在 0～5Hz 之间，但在该范围之外的 13Hz、14Hz 也有少量的占比，在 3.9%左右；带宽在 4～14Hz 之间，相当集中分布在 7～11Hz。

水库蓄水后位于库区第一、第二库段的 10 个测震台站所记录的 205 次岩溶型水库诱发地震，889 条地震波的主频、中心频率、带宽平均值分别如下。

EW：1.89Hz、2.59Hz、6.27Hz；（岩溶型水库地震）

（构造型水库地震 2.18Hz、3.46Hz、9.18Hz）

（天然地震 2.6Hz、4.4Hz、12.0Hz）

SN：1.86Hz、2.62Hz、6.64Hz；（岩溶型水库地震）

（构造型水库地震 2.30Hz、3.62Hz、9.43Hz）

（天然地震 2.8Hz、4.2Hz、10.7Hz）

UP：3.3Hz、3.90Hz、11.68Hz。（岩溶型水库地震）

（构造型水库地震 5.04Hz、6.06Hz、14.67Hz）

（天然地震 4.5Hz、6.8Hz、19.1Hz）

第 5 章

ZAM 时频分布特征与震级的关系

天然地震、构造型水库地震和岩溶型水库地震不同方向地震波的时频参数与震中距之间的对应关系所表现出来的特征，为区分发生在库区地震的所属类型，提供了重要依据。但不同类型地震的震级强度，在时频参数上能否具有鲜明的特点，是本章节研究的主要内容。

不同的震级大小对于不同类型地震的地震波时频分析结果会产生什么影响，目前还没有针对性的研究成果。虽然不少学者也从时频分析的角度，研究了水库蓄水前后描述地震波参数的一些变化，但从地震震级的角度来分析天然地震、构造型水库诱发地震和岩溶塌陷型水库诱发地震不同类型地震波的主频、中心频率、带宽，水平向、垂直向不同震级大小的波幅比，以及中心频率与主频之差在不同类型地震中所存在的差异，本书从地震震级的大小，进行定量分析，为地震类型的判断提供技术支撑。

5.1 天 然 地 震

在金沙江下游梯级水电站水库地震监测系统中的溪洛渡库区固定测震台站开始取得记录到溪洛渡水库第一阶段蓄水（2012 年 11 月 26 日）5 年间，溪洛渡第一、第二库段的范围（坝址下游 5km 到黄华段）共记录到天然地震 ML1.0 级及以上地震 29 次，不同台站取得的地震波共计 119 条。采用 ZAM 时频分析方法进行分析，分析结果根据震级档的不同进行归档，数字地震波时频结果主要参数（主频、中心频率、带宽、P 波最大值、S 波最大值以及 S/P）统计结果见表 5.1。

表 5.1　　　　　　　　溪洛渡库区天然地震不同方向地震波时频分析结果

震级范围（ML）		1.0～1.4	1.5～1.9	2.0～2.4	2.5～2.9	3.0～3.4
EW	主频/Hz	2.64	2.47	3.47	2.06	1.87
	中心频率/Hz	4.20	4.85	5.31	4.81	2.54
	带宽/Hz	12.09	13.21	11.69	17.11	5.75
SN	主频/Hz	2.65	2.89	4.14	1.63	2.19
	中心频率/Hz	3.91	4.62	5.40	4.91	2.70
	带宽/Hz	10.41	12.20	11.23	18.33	5.22

震级范围（ML）		1.0～1.4	1.5～1.9	2.0～2.4	2.5～2.9	3.0～3.4
UP	主频/Hz	4.35	4.77	6.78	2.36	2.79
	中心频率/Hz	6.73	7.30	8.13	7.71	3.27
	带宽/Hz	19.74	19.72	18.60	23.14	10.60
S/P	EW	3.40	4.31	4.12	2.75	5.17
	SN	3.25	3.93	4.13	2.77	6.14
	UP	2.33	2.29	2.16	3.28	3.08

根据表 5.1，分别绘制台站 EW、SN 和 UP 向地震波的主频、中心频率、带宽与不同震级档的关系，分别如图 5.1～图 5.3 所示。不同方向地震波波幅比与震级档的关系如图 5.4 所示。同时也就地震波不同方向的中心频率与主频之差与震级档的关系反映在图 5.5 中。

从图 5.1 溪洛渡库区天然地震三分量地震波主频与震级档的关系中可以看出，地震波三个方向的主频在不同的震级档虽然不同，但总体的变化趋势一致。即在 ML1.0～2.4 级的范围，随着地震震级的增大，主频也随之增加。具体为：EW 向地震波的主频从 ML1.0～1.4 级的 2.64Hz，到 2.0～2.4 级，主频频率增加到 3.47Hz；SN 向地震波的主频从 2.65Hz 增加到 4.14Hz；UP 向地震波主频频率从 4.35Hz 增加到 6.78Hz。当震级档大于 2.5 时，地震波的主频频率均减小。三个分量的地震波主频频率在 1.6～2.8Hz 的范围变化。

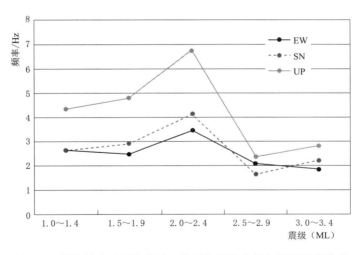

图 5.1　溪洛渡库区天然地震三分量地震波主频与震级档的关系

图 5.2 为溪洛渡库区天然地震三分量地震波中心频率与震级档的对应关系。从图中可以看出，天然地震三个分向地震波的中心频率随震级档的不同，变化的趋势是一致的。同样在 ML1.0～2.4 级的范围，中心频率随地震震级的增大而增加。具体为：EW 向地震波的中心频率从 ML1.0～1.4 级的 4.2Hz，到 2.0～2.4 级，增加到 5.31Hz；SN 向地震

波的主频从 3.91Hz 增加到 5.4Hz；UP 向地震波中心频率从 6.73Hz 增加到 8.13Hz。当震级档大于 2.5 时，地震波的主频频率均减小。在 ML3.0～3.4 级，分别减小至 2.54Hz、2.7Hz 和 3.27Hz。

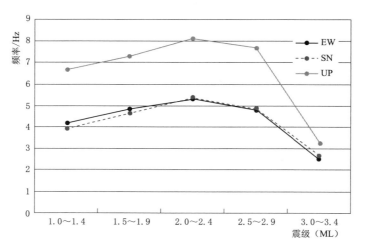

图 5.2　溪洛渡库区天然地震三分量地震波中心频率与震级档的关系

图 5.3 为溪洛渡库区天然地震三分量地震波带宽与震级档的对应关系。从图中可以看出，天然地震在 ML1.0～2.4 级的范围，地震波的频带变化较小，EW 向地震波 11.69～13.21Hz、SN 向地震波 10.41～12.2Hz、UP 向地震波 18.6～19.74Hz。在 ML2.5～2.9 级的范围，均表现为统计范围的最大值，分别为：EW17.11Hz、SN18.33Hz 和 UP 向的 23.14Hz。在 ML3.0～3.4 震级档最低，分别减小至 5.75Hz、5.22Hz 和 10.6Hz。

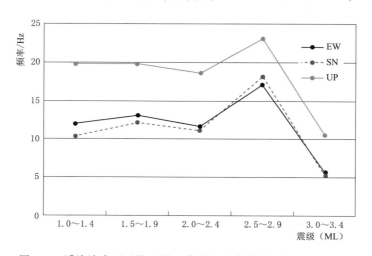

图 5.3　溪洛渡库区天然地震三分量地震波带宽与震级档的关系

图 5.4 为溪洛渡库区天然地震三分量地震波 S 最/P 最与震级档的对应关系。从图中可以看出，在 ML1.0～2.4 级的范围，水平向地震波的 S 最/P 最要大于垂直向的 S 最/P

最。水平向 S 波的最大值与 P 波最大值之比在 3.25～4.31 之间，垂直向在 2.16～2.33 之间。在 ML2.5～2.9 级的范围，三个分向地震波 S 波的最大值与 P 波最大值之比在 2.75～3.28 之间。在 ML3.0～3.4 级，水平向地震波的波幅比明显增大，而垂直向则变化较小，甚至所有降低。这说明垂直向 P 波的振幅要明显大于水平向的 P 波振幅。

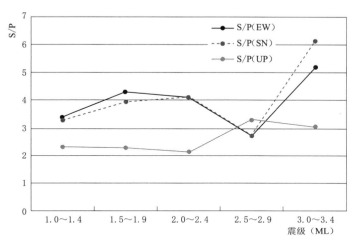

图 5.4　溪洛渡库区天然地震三分量地震波 S 最/P 最与震级档的关系

地震波中心频率与主频之间的频率差距大小，反映了地震波能量密度在不同频段上的分布以及地震波能量的衰减程度。如果两者之间的差距较小，就说明了地震波能量相对集中于特定的频段，地震波能量密度随时间的衰减就快。溪洛渡库区天然地震不同震级档中心频率与主频之差见表 5.2，对应关系如图 5.5 所示。

表 5.2　　　　　　　　溪洛渡库区天然地震波中心频率与主频之差统计

震级（ML）	EW/Hz	SN/Hz	UP/Hz
1.0～1.4	1.56	1.27	2.38
1.5～1.9	2.38	1.72	2.53
2.0～2.4	1.84	1.26	1.35
2.5～2.9	2.74	3.28	5.34
3.0～3.4	0.67	0.51	0.48

从图 5.5 中可以看出，在统计的样本中，所有地震波的中心频率与主频之差均为正值，说明地震波的能量密度偏重于高频。在 ML1.0～2.4 级的范围，水平向地震波和垂直向地震波的中心频率与主频之差变化不大，在 1.26～2.53Hz 之间。在 ML2.5～2.9 级的范围，地震波的中心频率与主频之差最大，分别为：EW 向 2.74Hz、SN 向 3.28Hz 和 UP 向 5.34Hz。ML3.0～3.4 级，地震波的中心频率与主频之差最小，在 0.5Hz 左右。

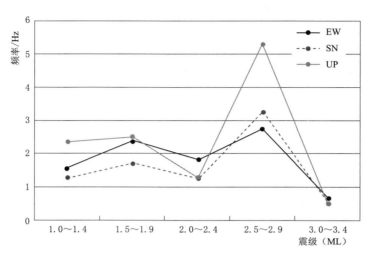

图 5.5 溪洛渡库区天然地震三分量地震波中心频率与主频之差与震级档的关系

5.2 构造型水库地震

溪洛渡库区的务基区，统计样本同样是 ML≥1.0 级的 6518 条地震波。其中，ML1.0～1.4 级地震波为 894 条，ML1.5～1.9 级地震为 3294 条，ML2.0～2.4 级地震为 1454 条，ML2.5～2.9 级地震为 520 条，ML3.0～3.4 级地震为 230 条，ML3.5～3.9 级地震为 100 条，ML4.0～4.4 级地震为 16 条，ML4.5～4.9 级地震为 10 条（该震级档包括了 5.0 级和 5.3 级两次地震）。不同震级档时频分析的统计结果见表 5.3。

表 5.3 务基区水库地震不同方向地震波时频分析结果

震 级 范 围		1.0～1.4	1.5～1.9	2.0～2.4	2.5～2.9	3.0～3.4	3.5～3.9	4.0～4.4	4.5～4.9
EW	主频/Hz	2.44	2.26	2.03	1.91	1.86	1.92	1.52	1.49
	中心频率/Hz	3.58	3.50	3.64	3.10	2.77	2.44	1.93	1.71
	带宽/Hz	9.49	9.24	9.98	8.00	6.73	5.94	4.40	4.87
SN	主频/Hz	2.42	2.40	2.30	1.89	1.72	1.65	1.51	1.53
	中心频率/Hz	3.44	3.62	4.06	3.38	2.93	2.56	1.84	1.80
	带宽/Hz	9.22	9.38	10.56	8.61	7.36	6.46	4.70	5.40
UP	主频/Hz	4.38	4.89	5.76	5.25	5.08	4.25	4.48	2.24
	中心频率/Hz	6.10	6.03	6.47	5.73	5.35	4.75	4.87	2.75
	带宽/Hz	17.12	15.10	13.65	12.82	11.64	11.42	10.79	9.94
S/P	EW	3.17	3.50	3.85	4.23	4.45	5.06	4.55	3.82
	SN	3.03	3.22	3.47	3.77	4.20	4.48	4.27	4.37
	UP	1.80	1.89	2.09	2.08	2.30	2.40	2.14	1.78

根据表 5.3 不同震级档地震波的时频参数，分别绘制了主频、中心频率、带宽、波幅比在不同震级档的对应关系，直观反映了在不同的震级档主频、中心频率、带宽、波幅比的趋势性变化，分别如图 5.6～图 5.13 所示。

　　图 5.6 为务基区 EW、SN、UP 向地震波主频与震级的对应关系。从图中可以看出，水平方向的地震波主频随震级档的增加，趋势性变化基本一致，且随震级强度的增大，主频逐渐减小。地震波的垂直向在 ML1.0～2.4 级的范围是随着地震震级的增大而增大，之后随着地震强度的增大，又呈现出逐渐减小的趋势。

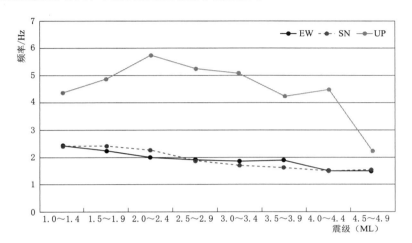

图 5.6　EW、SN、UP 向地震波主频与震级的对应关系

地震波主频与震级的关系式为（图 5.7）：

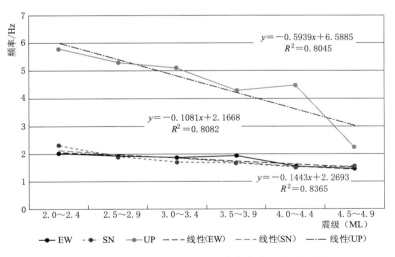

图 5.7　EW、SN、UP 向地震波主频与震级关系式

东西（EW）向地震波主频-震级关系：

$$F_m = -0.1081\text{ML} + 2.1668 \ (R^2 = 0.8082)$$

南北（SN）向地震波主频-震级关系：
$$F_m = -0.1443ML + 2.2693 \quad (R^2 = 0.8365)$$

垂直（UP）向地震波主频-震级关系：
$$F_m = -0.5939ML + 6.5885 \quad (R^2 = 0.8045)$$

图 5.8 为务基区 EW、SN、UP 向地震波中心频率与震级的对应关系。从图中可以看出，地震波的中心频率对应于不同的震级档，水平向和垂直向总体的变化趋势是一致的。在 ML1.0～2.4 级的范围，是增大的趋势，之后 ML2.5～4.9 级的范围，则随着地震强度的增大，中心频率逐渐减小。具体为：在 ML1.0～2.4 级的范围，地震波 EW 向中心频率在 3.5～3.64Hz 之间，SN 向地震波的中心频率在 3.44～4.06Hz 之间，UP 向地震波的中心频率在 6.03～6.47 之间。在 ML2.0～4.9 级的范围，地震波 EW 向中心频率从 3.64Hz，减小到 1.71Hz，SN 向地震波的中心频率从 4.06Hz，减小到 1.8Hz，UP 向地震波的中心频率 6.47，减小到 2.75Hz。

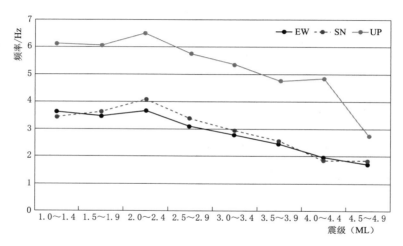

图 5.8　EW、SN、UP 向地震波中心频率与震级的对应关系

地震波中心频率与震级的关系式为（图 5.9）：
东西（EW）向地震波中心频率-震级关系：
$$F_c = -0.3855ML + 3.9501 \quad (R^2 = 0.9892)$$

南北（SN）向地震波中心频率-震级关系：
$$F_c = -0.4646ML + 4.3872 \quad (R^2 = 0.9689)$$

垂直（UP）向地震波中心频率-震级关系：
$$F_c = -0.6225ML + 7.1658 \quad (R^2 = 0.8518)$$

图 5.10 为务基区 EW、SN、UP 向地震波带宽与震级的对应关系。从图中可以看出，地震波的带宽水平向与垂直向存在明显的差异——垂直向地震波的带宽随着地震强度的增大，频带范围逐渐减小，从 17.12Hz 减小到 9.94Hz；EW、SN 向地震波的带宽变化的趋势是一致的。在 ML1.0～2.4 级的范围，水平向的地震波的带宽是逐渐增加的，总体

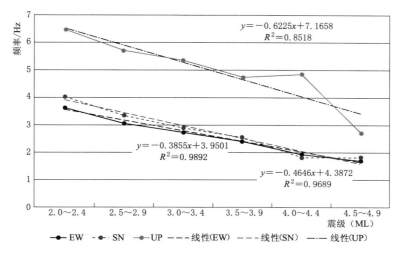

图 5.9 EW、SN、UP 向地震波中心频率与震级关系式

变化不大，在 9.22～10.56Hz 之间。在 ML2.0～4.9 级的范围，又逐渐减小，变化范围在 4.4～10.56Hz 之间。

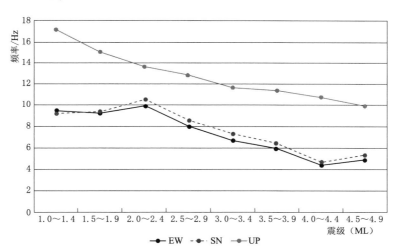

图 5.10 EW、SN、UP 向地震波带宽与震级的对应关系

地震波频带宽度与震级的关系式为（图 5.11）：

东西（EW）向地震波带宽-震级关系：

$$F_w = -1.0613\text{ML} + 10.369 \ (R^2 = 0.9098)$$

南北（SN）向地震波带宽-震级关系：

$$F_w = -1.0972\text{ML} + 11.022 \ (R^2 = 0.9037)$$

垂直（UP）向地震波带宽-震级关系：

$$F_w = -0.7101\text{ML} + 14.195 \ (R^2 = 0.9742)$$

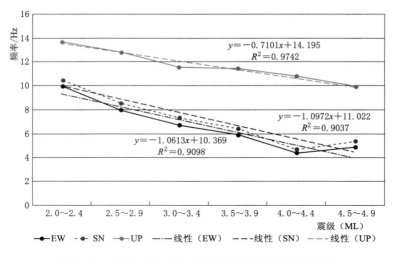

图 5.11　EW、SN、UP 向地震波带宽与震级关系式

图 5.12 为 EW、SN、UP 向地震波 S 波最大值与 P 波最大值之比与震级的关系。从图中可以看出，在 ML1.0～3.9 级的范围，三个分向地震波的 S/P 都是逐渐增大的：EW 向地震波的 S/P 在 3.17～5.06 之间，SN 向地震波的 S/P 在 3.03～4.48 之间，UP 向地震波的 S/P 在 1.8～2.4 之间。4.0 级以上震级档 S/P 又逐渐减小。ML3.5～3.9 级档为这种趋势性变化的转折点。

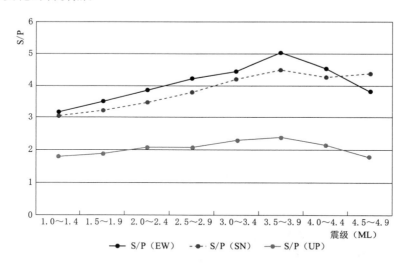

图 5.12　EW、SN、UP 向地震波 S 波最大值与 P 波最大值之比与震级的对应关系

在 ML1.0～3.9 级的范围，EW、SN、UP 向地震波 S 波最大值与 P 波最大值之比与震级的关系线性的特征（溪洛渡库区的天然地震最大震级为 3.5 级，溪洛渡库首区蓄水后的最大地震为 2.7 级，因此取 1.0～3.9 级进行拟合，具有可比性），具体为：

地震波 S/P 与震级的关系式为（图 5.13）：

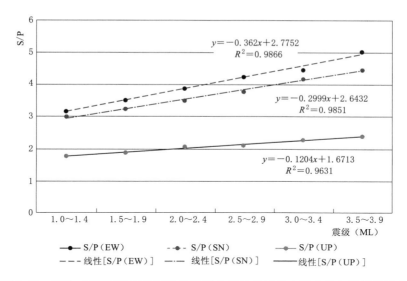

图 5.13 EW、SN、UP 向地震波 S 波最大值与 P 波最大值之比与震级关系式

东西（EW）向地震波 S/P—震级关系：

$$y = 0.362ML + 2.7752 \quad (R^2 = 0.9866)$$

南北（SN）向地震波 S/P—震级关系：

$$y = 0.2999ML + 2.6432 \quad (R^2 = 0.9851)$$

垂直（UP）向地震波 S/P—震级关系：

$$y = 0.1204ML + 1.6713 \quad (R^2 = 0.9631)$$

务基区不同震级档地震波的中心频率与主频的差值详见表 5.4，对应的关系见图 5.14。

表 5.4　　　　　　　务基区不同震级档地震波中心频率与主频之间的差值

震级范围（ML）	EW/Hz	SN/Hz	UP/Hz
1.0～1.4	1.14	1.01	1.72
1.5～1.9	1.24	1.22	1.14
2.0～2.4	1.62	1.76	0.71
2.5～2.9	1.19	1.49	0.48
3.0～3.4	0.91	1.22	0.27
3.5～3.9	0.52	0.90	0.50
4.0～4.4	0.41	0.33	0.40
4.5～4.9	0.22	0.28	0.51

从图 5.14 中可以看出，在 ML1.0～2.4 级三个地震震级档，水平向地震波随着震级的增大，中心频率与主频的差值也增加，垂直向地震则相反，随着震级的增大，而是减小的，形成明显的"剪刀叉"。具体的变化是：EW 向地震波中心频率和主频的差值从 1.14Hz 增大到 1.62Hz；SN 向地震波中心频率和主频的差值从 1.01Hz 增大到 1.76Hz；

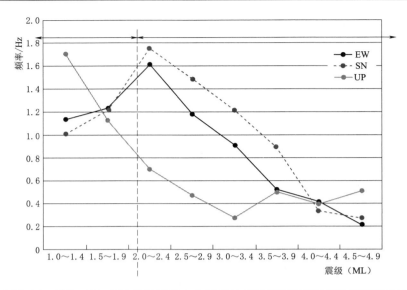

图 5.14 EW、SN、UP 向地震波中心频率与主频相对距离与震级的对应关系

UP 向地震波中心频率和主频的差值则从 1.72Hz 减小到 0.71Hz。

当地震大于 2.0 级时，随着地震强度的增大，三个分量地震波的中心频率与主频的差值均呈现递减的趋势。具体变化为：EW 向地震波中心频率和主频的差值从 1.62Hz 减小到 0.22Hz；SN 向地震波中心频率和主频的差值从 1.76Hz 减小到 0.28Hz；UP 向地震波中心频率和主频的差值则从 0.71Hz 减小到 0.4Hz 左右。当地震大于 4.0 级时，三个分向地震波中心频率与主频的差值介于 0.22～0.51 之间。

为了便于对比分析，务基区地震波的中心频率和主频的差值与震级档的线性关系分成两个部分分别进行统计：ML1.0～2.4 级和 ML2.0～4.9 级。

地震波中心频率与主频之差（ML1.0～2.4 级）与震级的关系式为（图 5.15）：

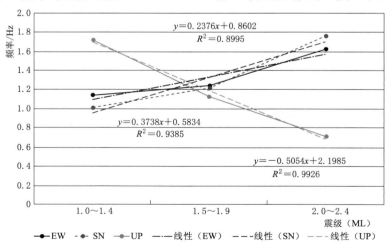

图 5.15 EW、SN、UP 向地震波中心频率与主频相对距离与震级关系式（ML1.0～2.4 级）

东西（EW）向地震波中心频率与主频之差（ML1.0～2.4 级）与震级关系：
$$y = 0.2376ML + 0.8602 \ (R^2 = 0.8995)$$

南北（SN）向地震波中心频率与主频之差（ML1.0～2.4 级）与震级关系：
$$y = 0.3738ML + 0.5834 \ (R^2 = 0.9385)$$

垂直（UP）向地震波中心频率与主频之差（ML1.0～2.4 级）与震级关系：
$$y = -0.5054ML + 2.1985 \ (R^2 = 0.9926)$$

地震波中心频率与主频之差（ML2.0～4.9 级）与震级的关系式为（见图 5.16）：

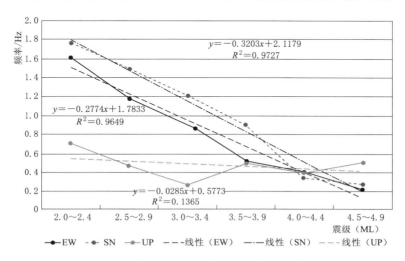

图 5.16　EW、SN、UP 向地震波中心频率与主频相对距离与震级关系式（ML2.0～4.9）

东西（EW）向地震波中心频率与主频之差（ML2.0～4.9 级）—震级关系：
$$y = -0.2774ML + 1.7833 \ (R^2 = 0.9649)$$

南北（SN）向地震波中心频率与主频之差（ML2.0～4.9 级）—震级关系：
$$y = -0.3203ML + 2.1179 \ (R^2 = 0.9727)$$

垂直（UP）向地震波中心频率与主频之差（ML2.0～4.9 级）—震级关系：
$$y = -0.0285ML + 0.5773 \ (R^2 = 0.1365)$$

5.3　岩溶型水库地震

溪洛渡库首区，统计样本同样是 ML≥1.0 级的 889 条地震波，其中，ML1.0～1.4 级地震波为 110 条，ML1.5～1.9 级地震为 657 条，ML2.0～2.4 级地震为 120 条，ML2.5～2.9 级地震为 2 条。不同震级档时频分析结果统计见表 5.5。

根据表 5.5 不同震级档地震波的时频参数，分别绘制了主频、中心频率、带宽、波幅比在不同震级档的对应关系，直观反映了在不同的震级档主频、中心频率、带宽、波幅比的趋势性变化，如图 5.17～图 5.20 所示。

表 5.5 　　　　　　　　　库首区水库地震不同方向地震波时频分析结果

震级范围（ML）		1.0~1.4	1.5~1.9	2.0~2.4	2.5~2.9
EW	主频/Hz	2.30	1.88	1.56	1.25
	中心频率/Hz	2.80	2.58	2.42	2.20
	带宽/Hz	5.92	6.28	6.49	7.70
SN	主频/Hz	2.16	1.84	1.72	1.49
	中心频率/Hz	2.73	2.60	2.59	2.00
	带宽/Hz	5.92	6.65	7.27	7.65
UP	主频/Hz	2.90	3.35	3.42	2.33
	中心频率/Hz	3.77	3.90	3.96	5.09
	带宽/Hz	10.89	11.65	12.37	23.63
S/P	EW	3.41	4.44	5.82	11.11
	SN	3.39	3.59	4.07	2.99
	UP	1.47	2.21	3.22	5.94

图 5.17 为坝址区 EW、SN、UP 向地震波主频与震级的对应关系。从图中可以看出，水平方向的地震波主频随震级档的增加，趋势性变化基本一致，且随震级强度的增大，主频逐渐减小。地震波的垂直向在 ML1.0~2.4 级的范围是随着地震震级的增大而增大。具体体现在：EW 向地震波的主频从 2.3Hz 减小到 1.56Hz；SN 向地震波的主频从 2.16Hz 减小到 1.72Hz；UP 向地震波的主频则从 2.9Hz 增加到 3.42Hz。

地震波主频与震级的关系式为（图 5.17）：

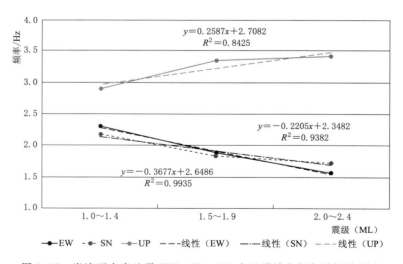

$$y=0.2587x+2.7082$$
$$R^2=0.8425$$

$$y=-0.2205x+2.3482$$
$$R^2=0.9382$$

$$y=-0.3677x+2.6486$$
$$R^2=0.9935$$

图 5.17　岩溶型水库地震 EW、SN、UP 向地震波主频与震级关系式

东西（EW）向地震波主频-震级关系：

$$F_m=-0.3677\mathrm{ML}+2.6486\quad(R^2=0.9935)$$

南北（SN）向地震波主频-震级关系：
$$F_m = -0.2205ML + 2.3482 \quad (R^2 = 0.9382)$$

垂直（UP）向地震波主频-震级关系：
$$F_m = 0.2587ML + 2.7082 \quad (R^2 = 0.8425)$$

图 5.18 为坝址区 EW、SN、UP 向地震波中心频率与震级的对应关系。从图中可以看出，地震波的中心频率对应于不同的震级档，水平向的变化趋势是一致的。在 ML1.0～2.4 级的范围，是减小的趋势。垂直向则随着地震强度的增大而增大。具体体现在：EW 向地震波的中心频率从 2.8Hz 减小到 2.42Hz；SN 向地震波的中心频率从 2.73Hz 减小到 2.59Hz；UP 向地震波的中心频率则从 3.77Hz 增加到 3.96Hz。

地震波中心频率与震级的关系式为（图 5.18）：

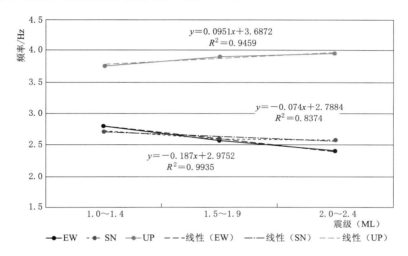

图 5.18　岩溶型水库地震 EW、SN、UP 向地震波中心频率与震级关系式

东西（EW）向地震波中心频点-震级关系：
$$F_c = -0.187ML + 2.9752 \quad (R^2 = 0.9935)$$

南北（SN）向地震波中心频点-震级关系：
$$F_c = -0.074ML + 2.7884 \quad (R^2 = 0.8374)$$

垂直（UP）向地震波中心频点-震级关系：
$$F_c = 0.0951ML + 3.6872 \quad (R^2 = 0.9459)$$

图 5.19 为库首区 EW、SN、UP 向地震波带宽与震级的对应关系。从图中可以看出，地震波的中心频率水平向和垂直向变化趋势一致，均表现为随着地震强度的增大，频带的宽度也逐渐变宽。具体体现在：EW 向地震波的带宽从 5.92Hz 增加到 6.49Hz；SN 向地震波的带宽从 5.92Hz 增加到 7.27Hz；UP 向地震波的带宽从 10.89Hz 增加到 12.37Hz。

地震波带宽与震级的关系式为（图 5.19）：

东西（EW）向地震波带宽-震级关系：

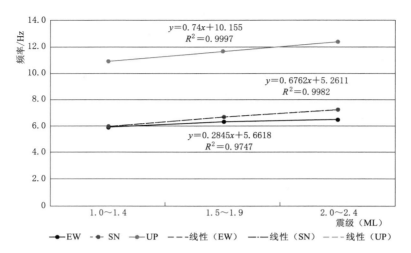

图 5.19　岩溶型水库地震 EW、SN、UP 向地震波带宽与震级关系式

$$F_w = 0.2845\mathrm{ML} + 5.6618 \quad (R^2 = 0.9747)$$

南北（SN）向地震波带宽-震级关系：

$$F_w = 0.6762\mathrm{ML} + 5.2611 \quad (R^2 = 0.9982)$$

垂直（UP）向地震波带宽-震级关系：

$$F_w = 0.74\mathrm{ML} + 10.155 \quad (R^2 = 0.9997)$$

图 5.20 为 EW、SN、UP 向地震波 S 波最大值与 P 波最大值之比与震级的关系。从图中可以看出，三个分向地震波的 S/P 都是逐渐增大的：EW 向地震波的 S/P 在 3.41～5.82 之间，SN 向地震波的 S/P 在 3.39～4.07 之间，UP 向地震波的 S/P 在 1.47～3.22 之间。

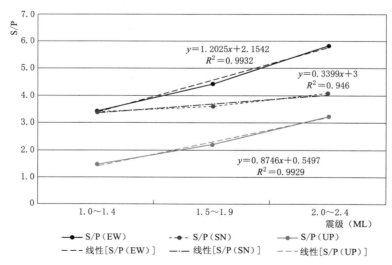

图 5.20　岩溶型水库地震 EW、SN、UP 向 S 波最大值与 P 波最大值之比与震级关系式

S/P 地震波 S/P 与震级的关系式为（图 5.20）：

东西（EW）向地震波 S/P -震级关系：
$$y=1.2025\mathrm{ML}+2.1542\ (R^2=0.9932)$$

南北（SN）向地震波 S/P -震级关系：
$$y=0.3399\mathrm{ML}+3\ (R^2=0.946)$$

垂直（UP）向地震波 S/P -震级关系：
$$y=0.8746\mathrm{ML}+0.5497\ (R^2=0.9929)$$

库首区不同震级档地震波的中心频率与主频的差值详见表5.6，对应的关系如图5.21所示。

表 5.6　　　　　　库首区不同震级档地震波的中心频率与主频的差值

震级范围（ML）	EW/Hz	SN/Hz	UP/Hz
1.0～1.4	0.50	0.57	0.87
1.5～1.9	0.70	0.76	0.55
2.0～2.4	0.86	0.87	0.54
2.5～2.9	0.95	0.51	2.75

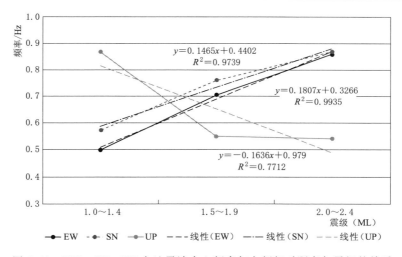

图 5.21　EW、SN、UP 向地震波中心频率与主频相对距离与震级的关系

从图5.21中可以看出，在 ML1.0～2.4 级三个地震震级档，水平向地震波随着震级的增大，中心频率与主频的差值也增加，垂直向地震则相反，随着震级的增大而减小。具体的变化是：EW 向地震波中心频率和主频的差值从 0.5Hz 增大到 0.86Hz；SN 向地震波中心频率和主频的差值从 0.57Hz 增大到 0.87Hz；UP 向地震波中心频率和主频的差值则从 0.87Hz 减小到 0.54Hz。

东西（EW）向地震波中心频率和主频的差-震级关系：
$$y=0.1807\mathrm{ML}+0.3266\ (R^2=0.9935)$$

南北（SN）向地震波中心频率和主频的差-震级关系：
$$y=0.1465\mathrm{ML}+0.4402\ (R^2=0.9739)$$

垂直（UP）向地震波中心频率和主频的差-震级关系：

$$y = -0.1636\mathrm{ML} + 0.979\ (R^2 = 0.7712)$$

5.4　岩溶型、构造型水库地震时频分布

为了更为直观地展示岩溶型、构造型水库地震的波谱在时频分布上的特点，选取了震级 M2.0～2.5，震源深度均小于 5km 的 5 次地震事件，针对每次地震事件周边台站所记录的地震波进行时频分布特点分析。这 5 次地震事件均发生在溪洛渡水库正式蓄水之后，其中有 3 次地震发生在溪洛渡水电站的库首区，为岩溶型水库地震，另外 2 次发生在务基附近，为构造型水库地震。地震震中的位置如图 5.22 所示。

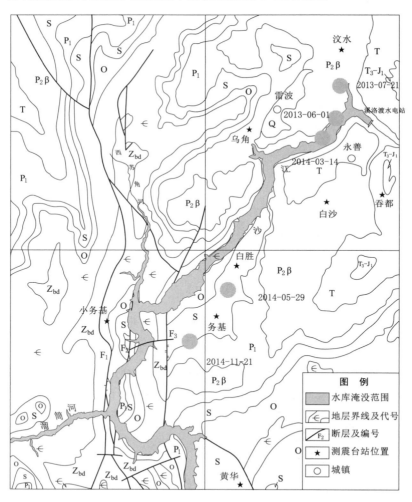

图 5.22　5 次地震事件地震震中分布图

5.4.1 2013 年 06 月 01 日 M2.2

本次地震发震时刻为 2013 年 6 月 1 日 15 时 11 分 26 秒，震级为 M2.2 级，震源深度 1.3km，震中位置如图 5.22 所示，位于溪洛渡坝址上游 2km 左右的金沙江左岸。选取了距离地震震中 30km 以内的台站，分别对所记录到的波形数据进行时频分析，其结果见表 5.7。

表 5.7　　20130601151126.77 地震波相关参数一览表

	文件名	T20130601151126.77	T20130601151126.77	T20130601151126.77	T20130601151126.77
	台站名称	TDT	WJAT	WJIT	WST
EW	P 最	9.13	9.08	2.77	8.17
	S 最	38.43	56.47	6.23	19.20
	主频	0.90	1.79	0.85	0.81
	中心频率	1.51	2.13	1.91	1.45
	带宽	3.69	3.29	5.03	4.84
SN	P 最	15.04	9.25	1.70	4.64
	S 最	36.56	44.53	6.76	27.92
	主频	1.53	1.89	0.92	0.87
	中心频率	1.68	1.87	1.76	2.19
	带宽	4.70	2.99	3.93	6.63
UP	P 最	10.13	7.71	1.87	5.44
	S 最	21.95	28.25	2.67	28.54
	主频	1.52	1.40	2.65	1.29
	中心频率	1.90	2.86	3.09	2.65
	带宽	5.77	11.81	7.45	16.46
地震时间	年	2013	2013	2013	2013
	月	6	6	6	06
	日	1	1	1	01
	时	15	15	15	15
	分	11	11	11	11
	秒	26.8	26.8	26.8	26.0
震中位置	纬度/(°)	28.2652	28.2652	28.2652	28.261
	经度/(°)	103.6291	103.6291	103.6291	103.626
震源深度/km		1.3	1.3	1.3	1.3
震级		2.0	2.0	2.0	2.2
震源距/km		7.56	8.63	19.54	5.59
EW	S/P	4.21	6.22	2.25	2.35
SN	S/P	2.43	4.82	3.98	6.01
UP	S/P	2.17	3.67	1.42	5.25

吞都台（TDT）20130601151126.77 地震波形和地震波时频分布，如图 5.23～图 5.27。

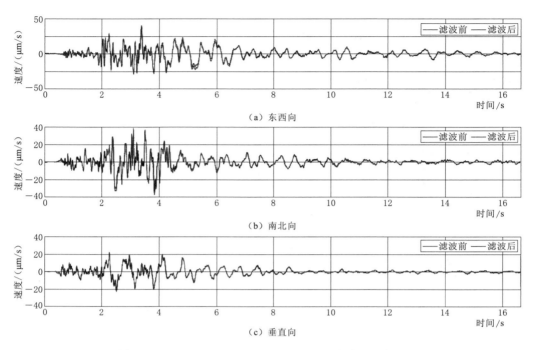

图 5.23　TDT20130601151126.77 地震三个分量速度时程

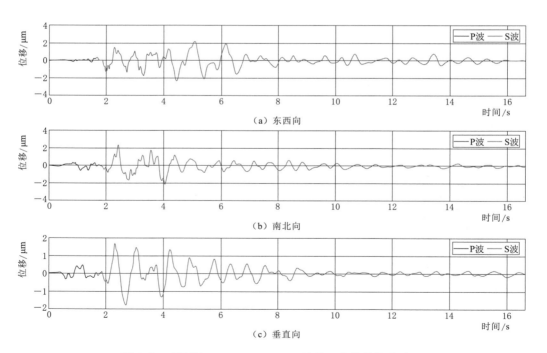

图 5.24　TDT20130601151126.77 地震三个分量位移时程

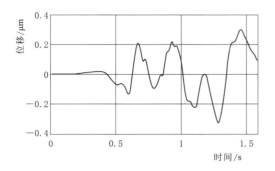

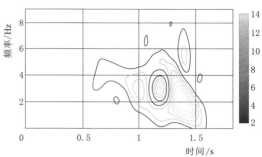

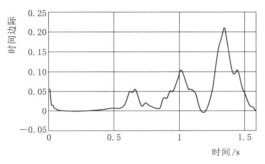

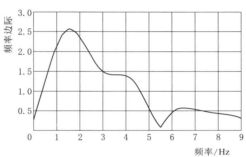

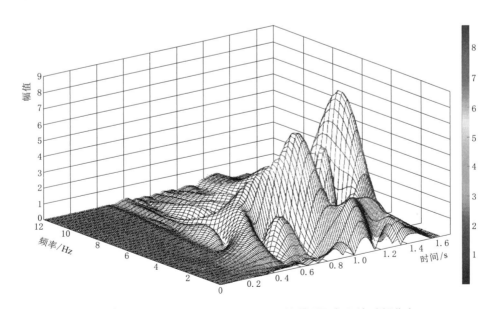

图 5.25　TDT20130601151126.77 地震 UP 向 P 波时频分布

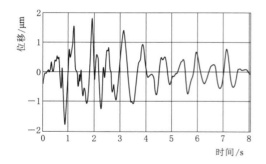

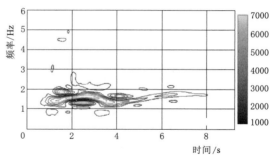

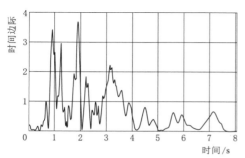

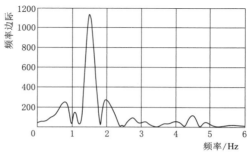

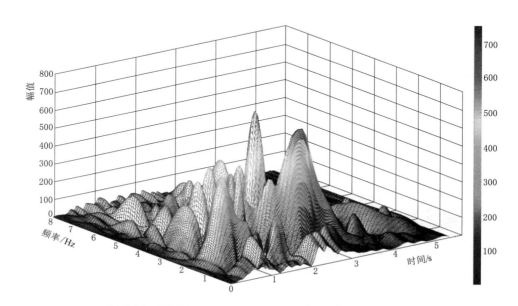

图 5.26 TDT20130601151126.77 地震 SN 向 S 波时频分布

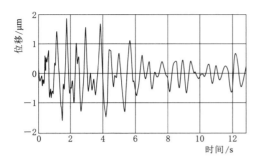

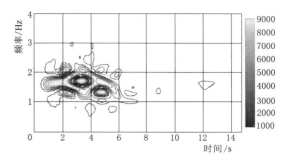

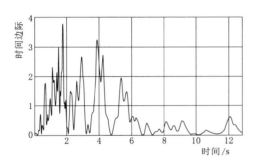

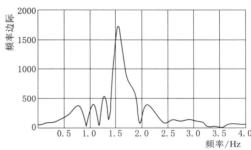

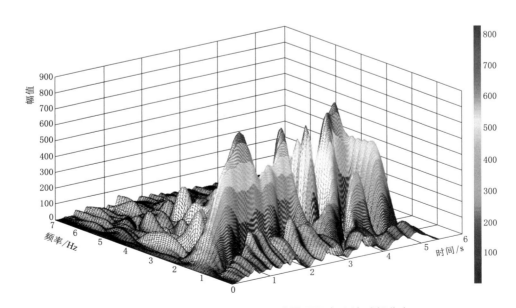

图 5.27 TDT20130601151126.77 地震 EW 向 S 波时频分布

　　乌角台（WJAT）20130601151126.77 地震波形和地震波时频分布，如图 5.28～图 5.32 所示。

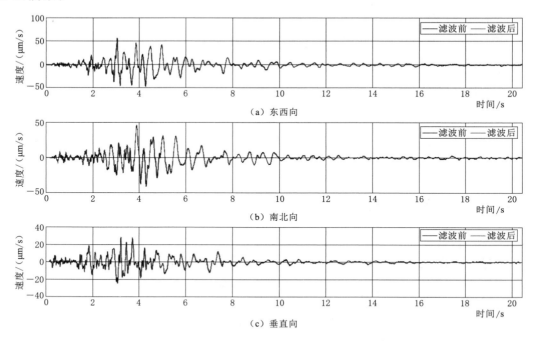

图 5.28　WJAT20130601151126.77 地震三个分量速度时程

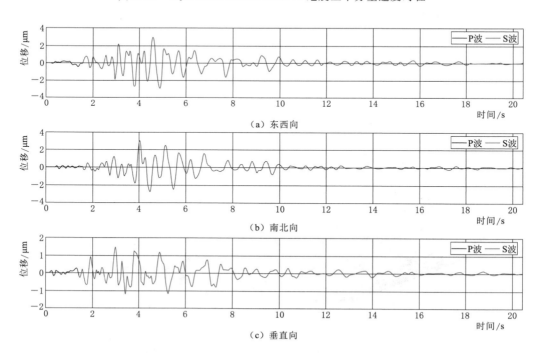

图 5.29　WJAT20130601151126.77 地震三个分量位移时程

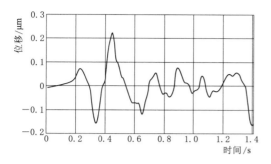

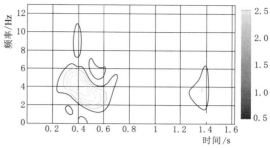

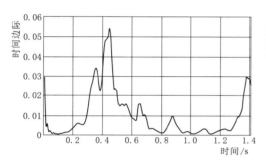

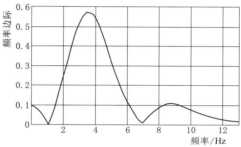

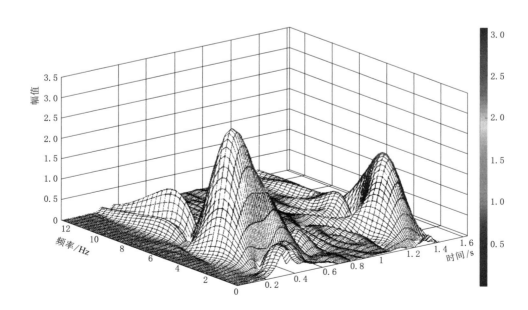

图 5.30 WJAT20130601151126.77 地震 UP 向 P 波时频分布

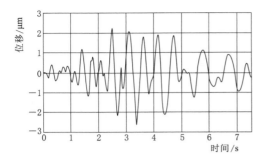

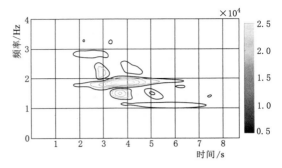

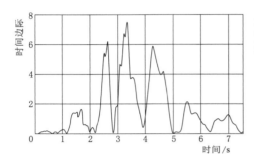

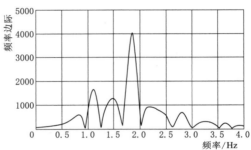

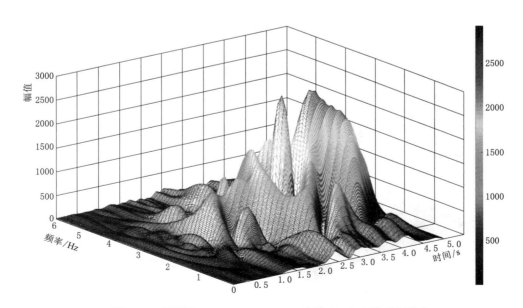

图 5.31　WJAT20130601151126.77 地震 SN 向 S 波时频分布

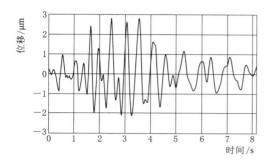

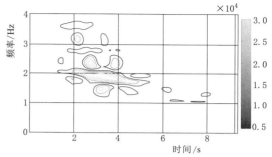

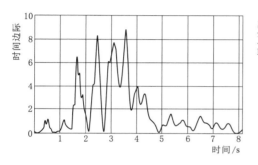

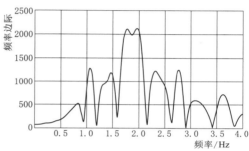

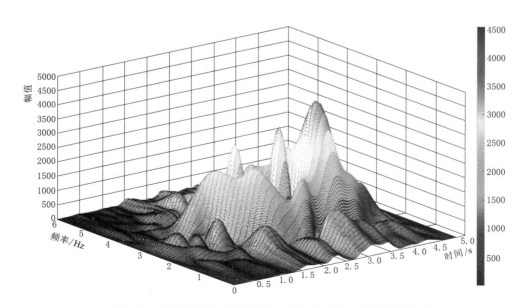

图 5.32 WJAT20130601151126.77 地震 EW 向 S 波时频分布

务基台（WJIT）20130601151126.77 地震波形和地震波时频分布，如图 5.33～图 5.37 所示。

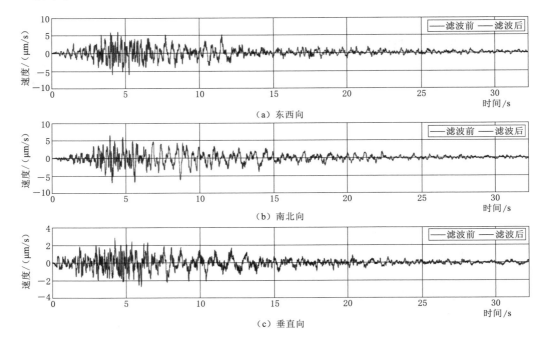

（a）东西向

（b）南北向

（c）垂直向

图 5.33　WJIT20130601151126.77 地震三个分量速度时程

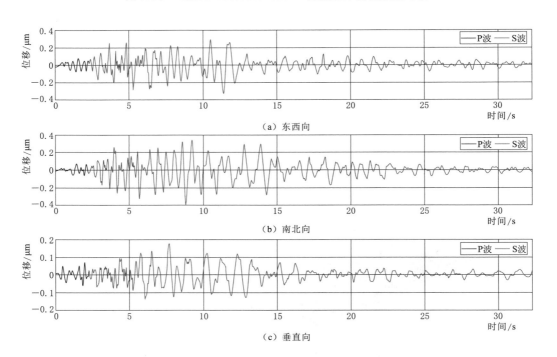

（a）东西向

（b）南北向

（c）垂直向

图 5.34　WJIT20130601151126.77 地震三个分量位移时程

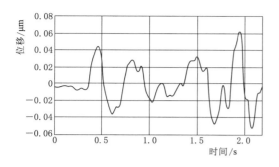

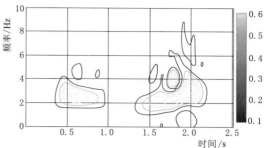

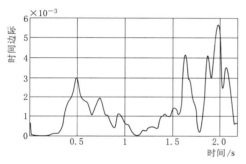

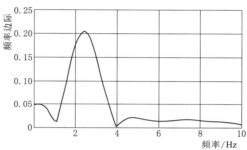

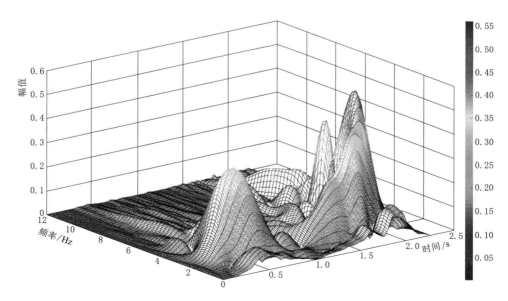

图 5.35　WJIT20130601151126.77 地震 UP 向 P 波时频分布

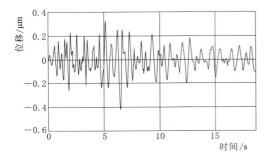

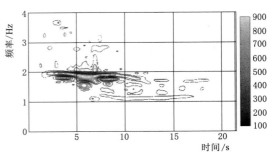

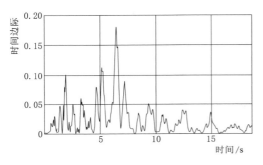

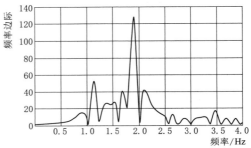

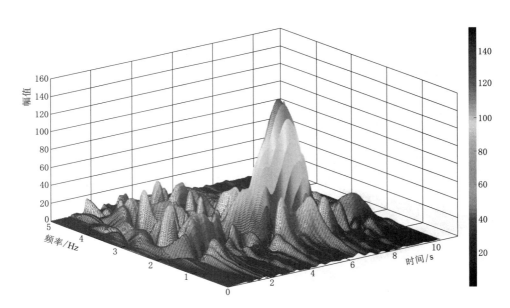

图 5.36　WJIT20130601151126.77 地震 SN 向 S 波时频分布

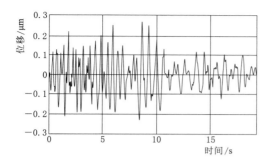

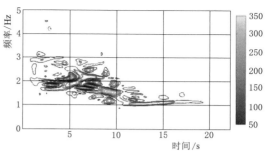

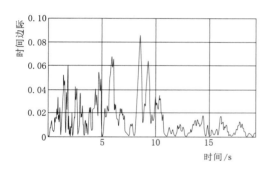

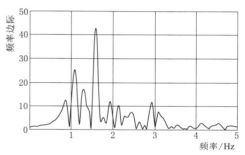

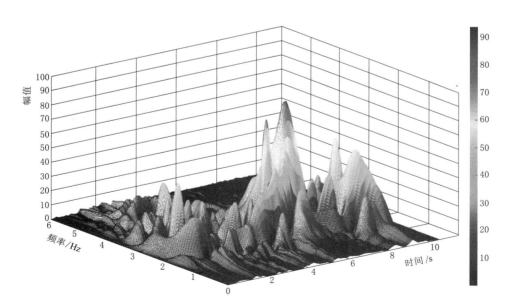

图 5.37 WJIT20130601151126.77 地震 EW 向 S 波时频分布

汶水台（WST）20130601151126.77 地震波形和地震波时频分布，如图 5.38～图 5.42 所示。

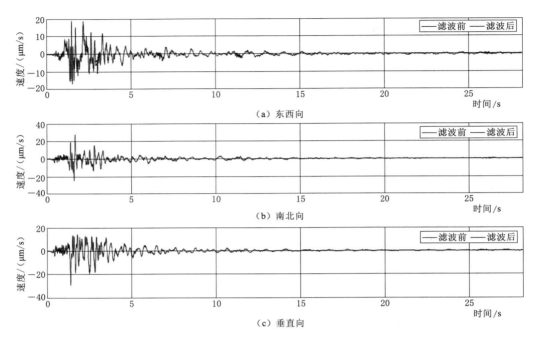

图 5.38　WST20130601151126.77 地震三个分量速度时程

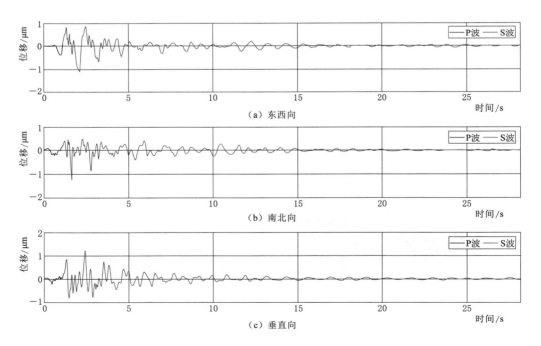

图 5.39　WST20130601151126.77 地震三个分量位移时程

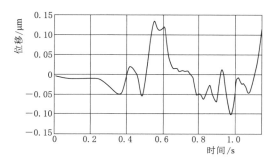

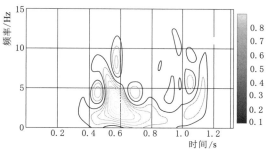

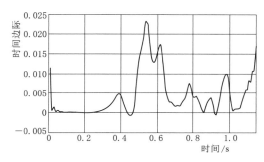

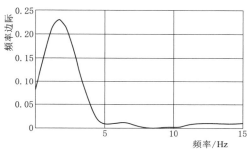

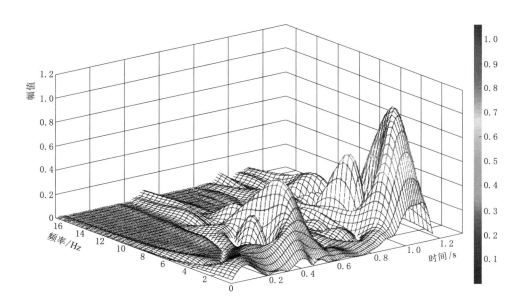

图 5.40　WST20130601151126.77 地震 UP 向 P 波时频分布

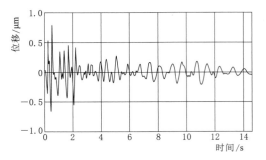

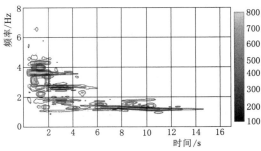

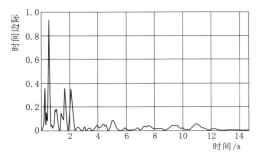

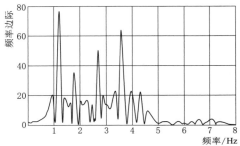

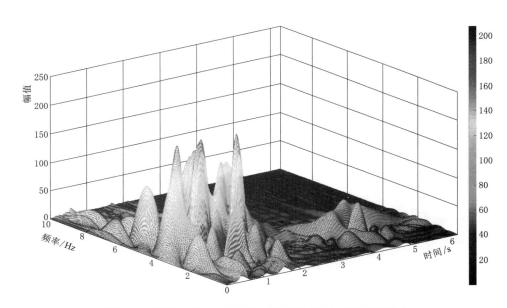

图 5.41　WST20130601151126.77 地震 SN 向 S 波时频分布

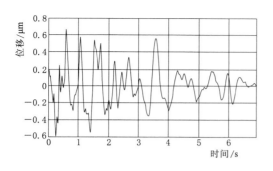

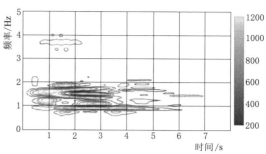

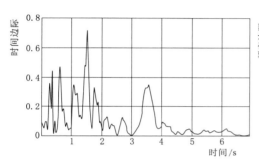

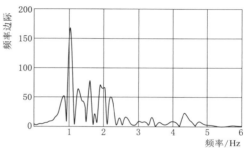

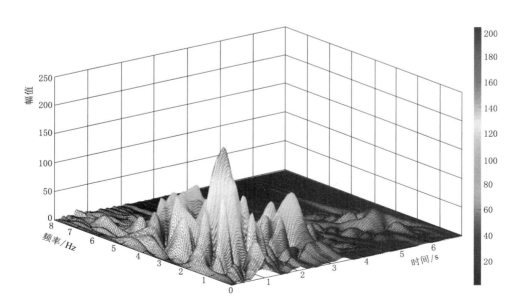

图 5.42 WST20130601151126.77 地震 EW 向 S 波时频分布

5.4.2　2014 年 11 月 21 日 M2.2

本次地震发震时刻为 2014 年 11 月 21 日 8 时 40 分 31.04 秒，震级为 M2.2 级，震源深度 4.6km，震中位置如图 5.16 所示，位于溪洛渡库区金沙江左岸务基乡。选取了距离地震震中 30km 以内的台站，分别对所记录到的波形数据进行时频分析，其结果见表 5.8。

表 5.8　　　　　　　　20141121084031.04 地震波相关参数一览表

文 件 名		T201411210840 31.04	T201411210840 31.04	T201411210840 31.04	T201411210840 31.04	T201411210840 31.04
台站名称		WJIT	BSET	XWJT	HHT	WJAT
EW	P 最	157.34	98.92	39.87	5.48	5.94
	S 最	1057.34	209.25	133.34	27.53	21.89
	主频	2.82	3.03	4.39	1.56	2.00
	中心频率	6.93	3.60	4.23	2.04	3.26
	带宽	16.25	7.96	4.46	6.04	8.76
SN	P 最	188.79	78.53	35.95	8.05	6.13
	S 最	1178.43	243.29	145.04	33.99	17.71
	主频	2.34	3.87	3.76	1.46	1.18
	中心频率	5.00	3.64	4.46	2.12	2.80
	带宽	12.63	7.27	6.67	4.82	8.12
UP	P 最	114.95	121.12	43.68	7.05	8.93
	S 最	407.91	93.94	90.12	31.59	15.31
	主频	7.81	5.49	6.04	3.98	2.18
	中心频率	10.83	6.70	5.98	5.43	4.47
	带宽	18.97	15.49	8.99	14.46	14.64
地震 时间	年	2014	2014	2014	2014	2014
	月	11	11	11	11	11
	日	21	21	21	21	21
	时	8	8	8	8	8
	分	40	40	40	40	40
	秒	31.04	31.04	31.04	31.04	31.04
震中 位置	纬度/(°)	28.1117	28.1117	28.1117	28.1117	28.1117
	经度/(°)	103.4952	103.4952	103.4952	103.4952	103.4952
震源深度/km		4.6	4.6	4.6	4.6	4.6
震级		2.2	2.2	2.2	2.2	2.2
震源距/km		1.79	5.34	5.63	13.04	15.83
EW	S/P	6.72	2.12	3.34	5.03	3.68
SN	S/P	6.24	3.10	4.03	4.22	2.89
UP	S/P	3.55	0.78	2.06	4.48	1.71

白胜台（BSET）20141121084031.04 地震波形和地震波时频分布，如图 5.43～图 5.47 所示。

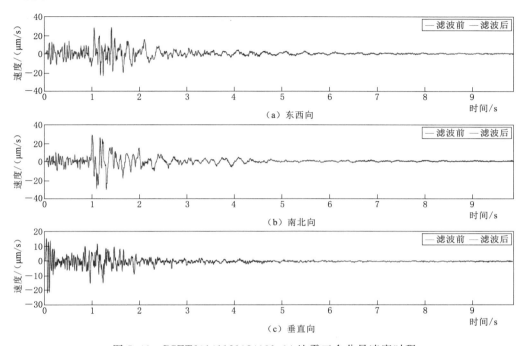

图 5.43 BSET20141121084031.04 地震三个分量速度时程

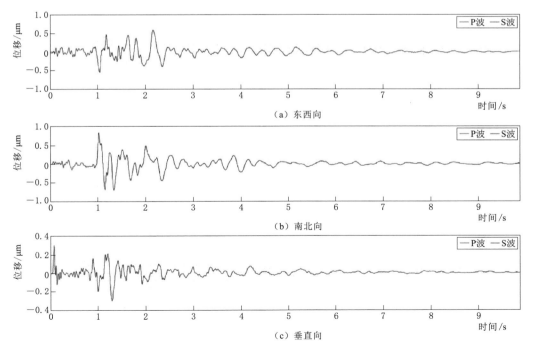

图 5.44 BSET20141121084031.04 地震三个分量位移时程

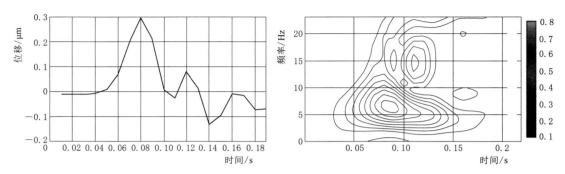

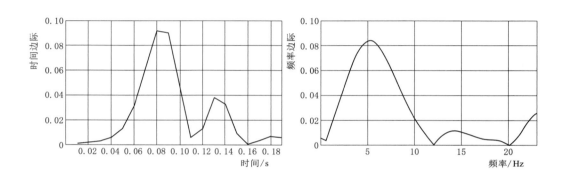

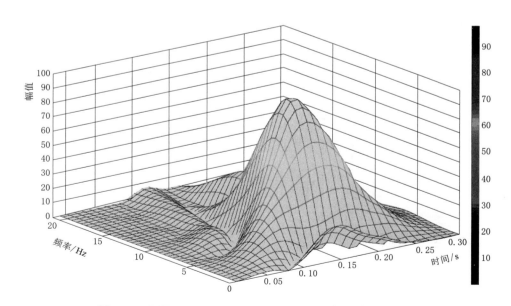

图 5.45　BSET20141121084031.04 地震 UP 向 P 波时频分布

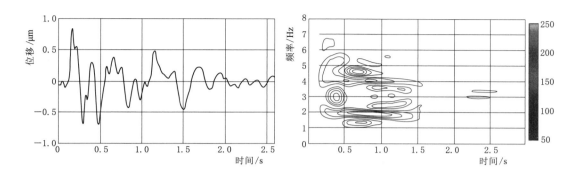

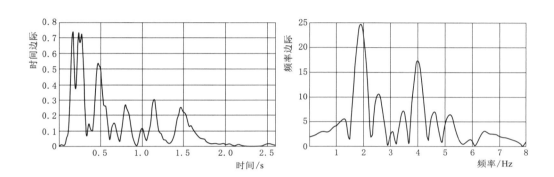

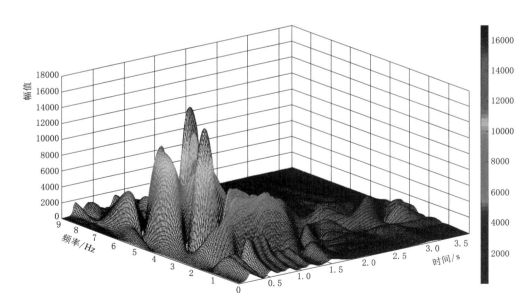

图 5.46 BSET20141121084031.04 地震 SN 向 S 波时频分布

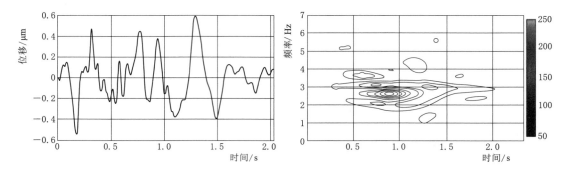

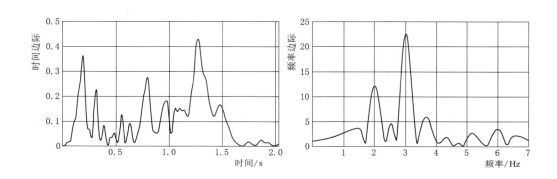

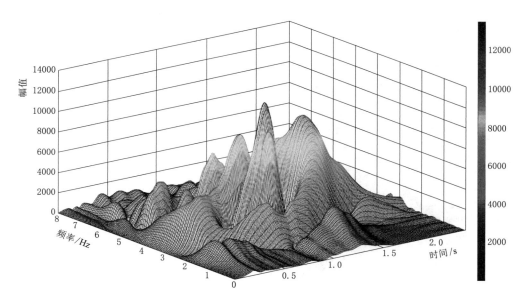

图 5.47　BSET20141121084031.04 地震 EW 向 S 波时频分布

黄华台（HHT）20141121084031.04 地震波形和地震波时频分布，如图 5.48～图
5.52 所示。

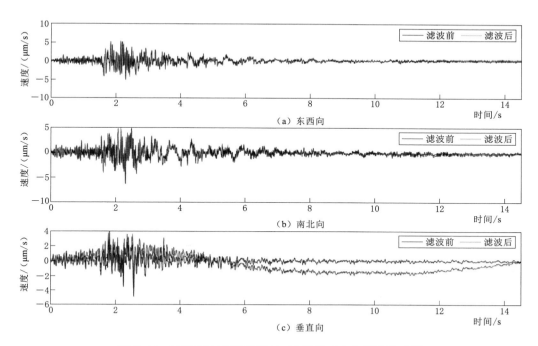

图 5.48　HHT20141121084031.04 地震三个分量速度时程

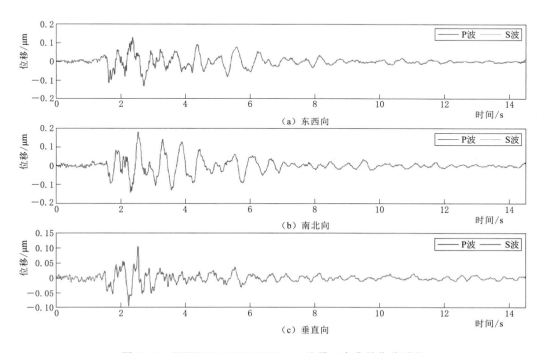

图 5.49　HHT20141121084031.04 地震三个分量位移时程

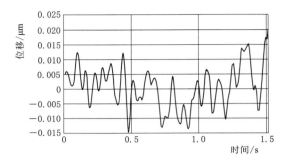

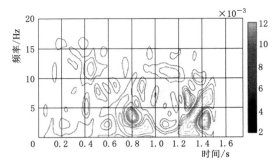

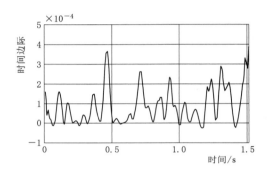

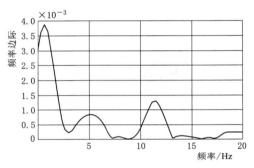

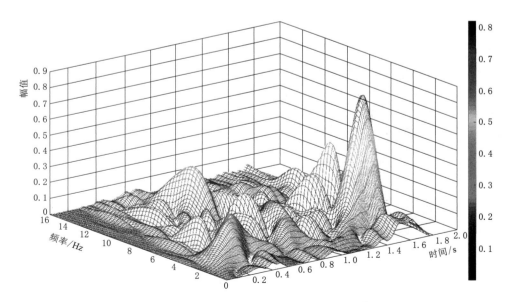

图 5.50　HHT20141121084031.04 地震 UP 向 P 波时频分布

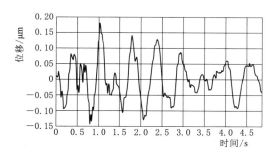

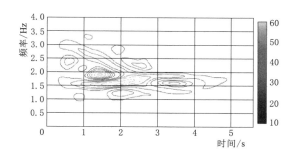

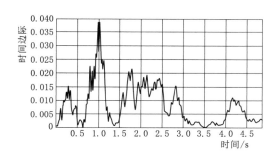

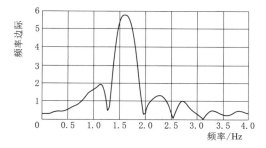

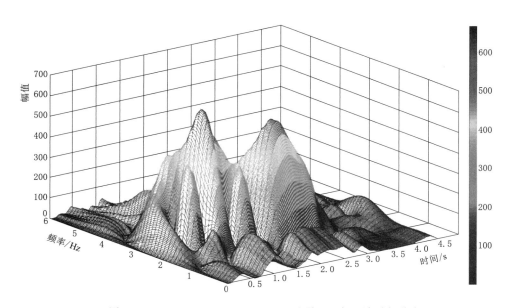

图 5.51 HHT20141121084031.04 地震 SN 向 S 波时频分布

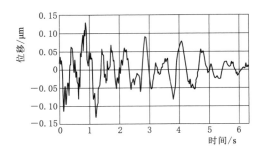

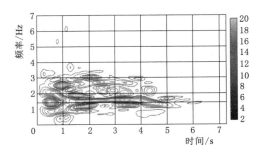

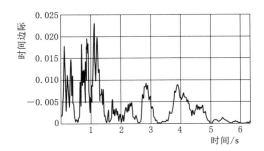

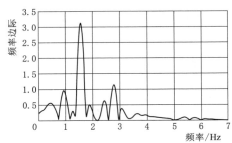

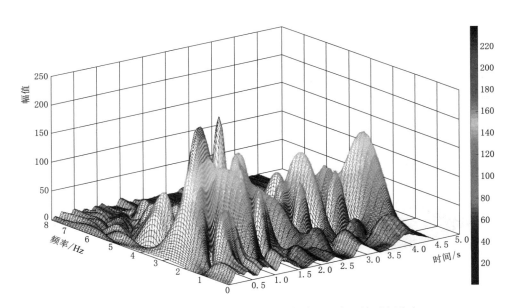

图 5.52　HHT20141121084031.04 地震 EW 向 S 波时频分布

乌角台（WJAT）20141121084031.04 地震波形和地震波时频分布，如图 5.53～图 5.57 所示。

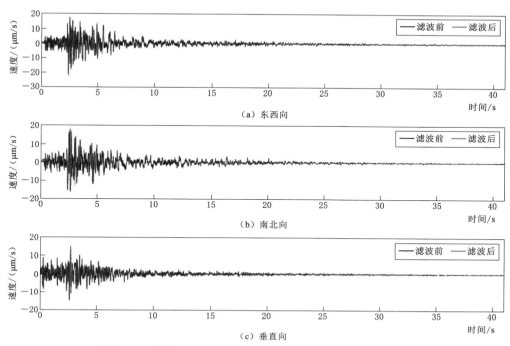

图 5.53　WJAT20141121084031.04 地震三个分量速度时程

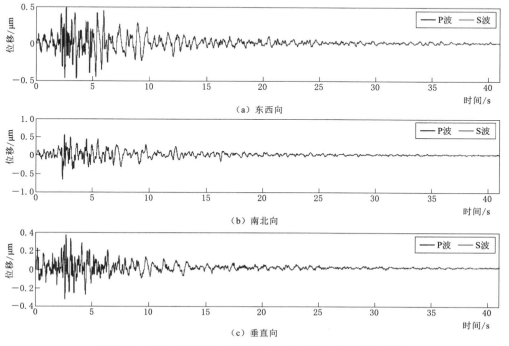

图 5.54　WJAT20141121084031.04 地震三个分量位移时程

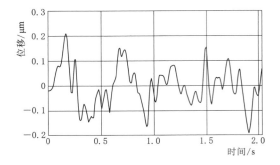

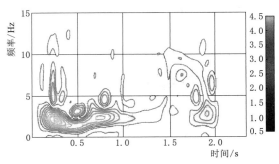

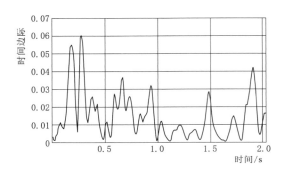

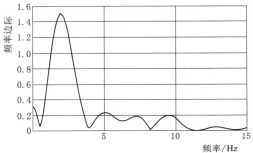

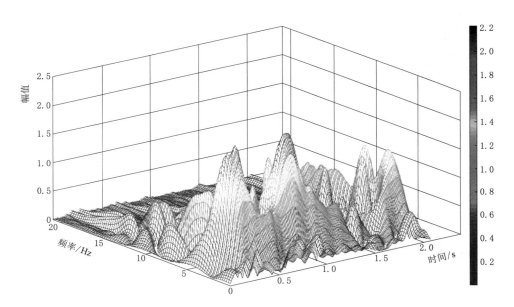

图 5.55　WJAT20141121084031.04 地震 UP 向 P 波时频分布

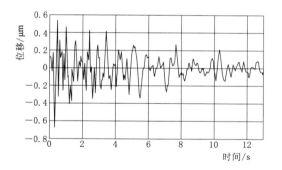

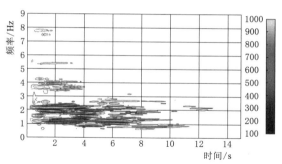

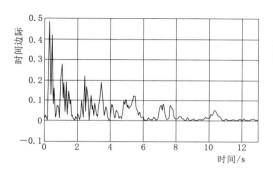

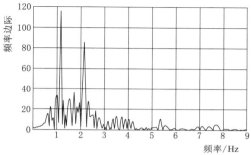

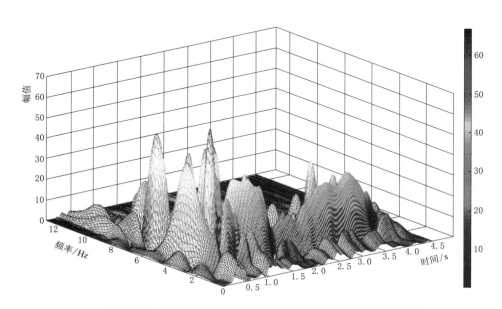

图 5.56　WJAT20141121084031.04 地震 SN 向 S 波时频分布

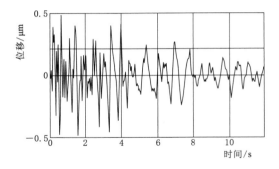

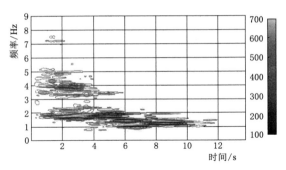

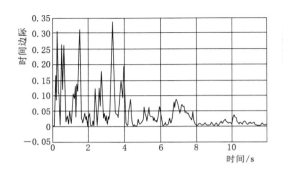

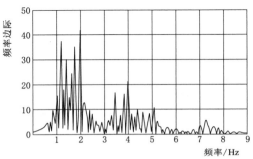

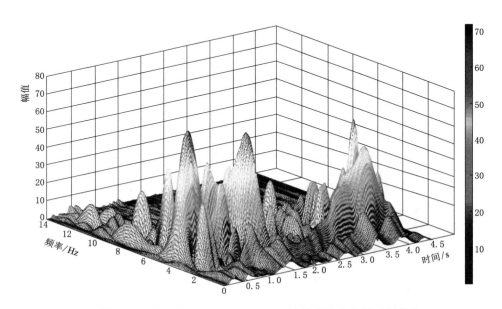

图 5.57 WJAT20141121084031.04 地震 EW 向 S 波时频分布

务基台（WJAT）20141121084031.04 地震波形和地震波时频分布，如图 5.58～图 5.62 所示。

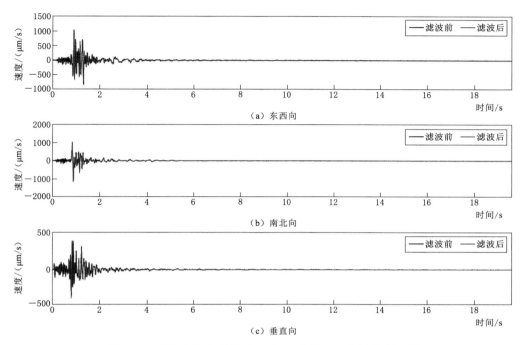

图 5.58 WJAT20141121084031.04 地震三个分量速度时程

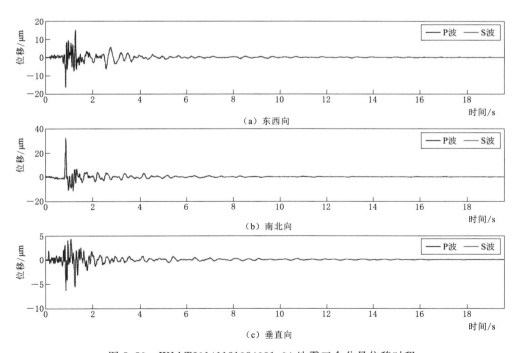

图 5.59 WJAT20141121084031.04 地震三个分量位移时程

123

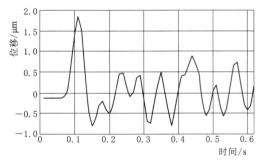

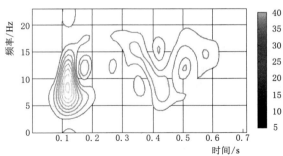

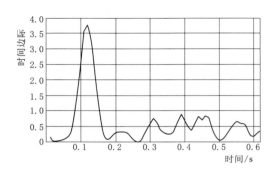

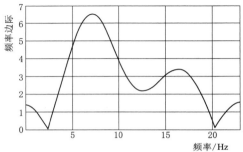

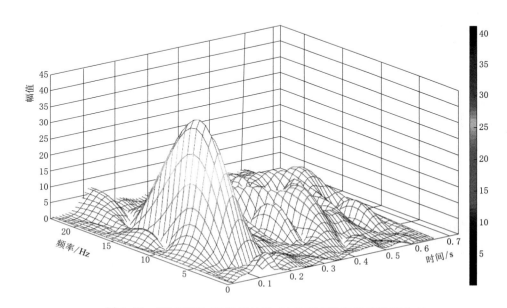

图 5.60　WJAT20141121084031.04 地震 UP 向 P 波时频分布

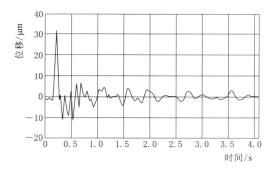

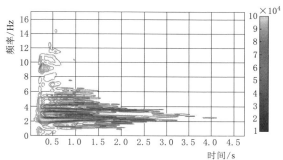

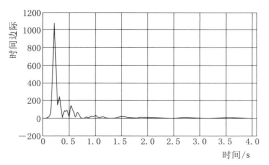

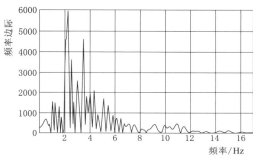

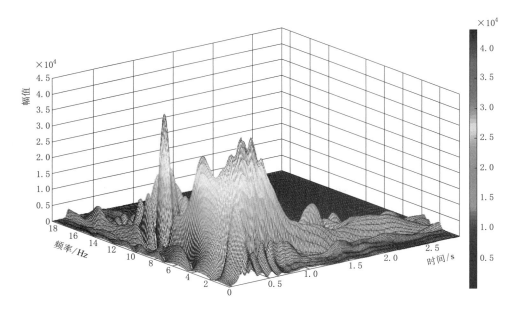

图 5.61　WJAT20141121084031.04 地震 SN 向 S 波时频分布

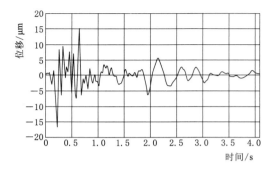

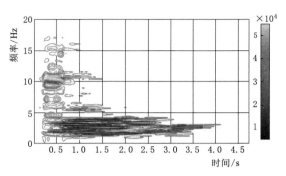

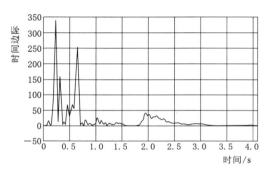

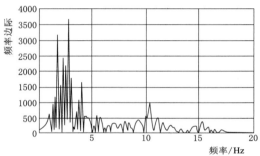

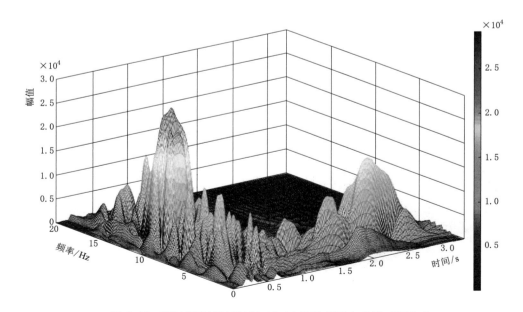

图 5.62　WJAT20141121084031.04 地震 EW 向 S 波时频分布

小务基台（XWJT）20141121084031.04 地震波形和地震波时频分布，如图 5.63～图 5.67 所示。

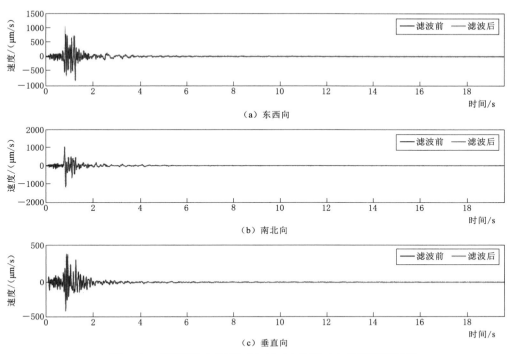

图 5.63　XWJT20141121084031.04 地震三个分量速度时程

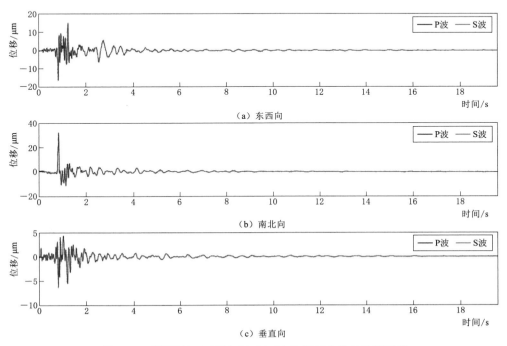

图 5.64　XWJT20141121084031.04 地震三个分量位移时程

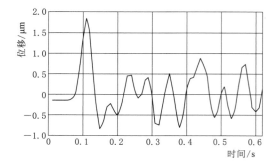

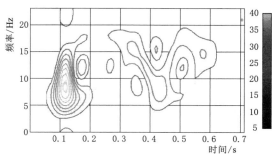

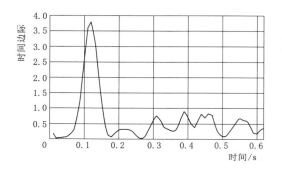

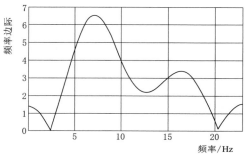

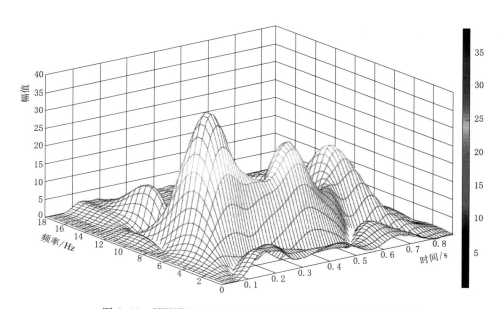

图 5.65　XWJT20141121084031.04 地震 UP 向 P 波时频分布

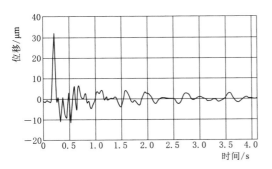

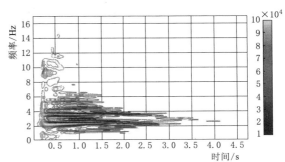

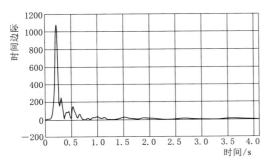

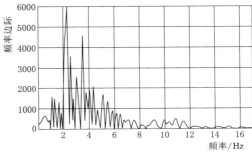

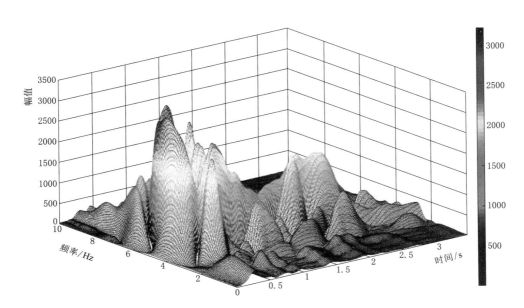

图 5.66 XWJT20141121084031.04 地震 SN 向 S 波时频分布

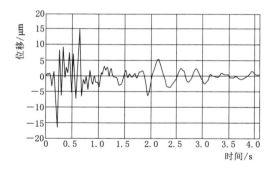

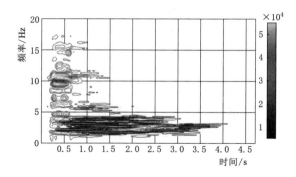

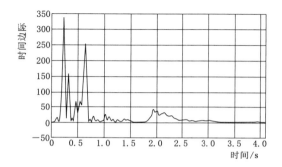

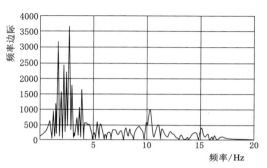

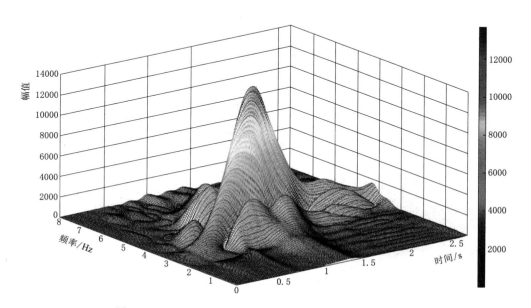

图 5.67　XWJT20141121084031.04 地震 EW 向 S 波时频分布

5.4.3 岩溶型、构造型水库地震时频分布特点

（1）从岩溶型和构造型水库地震的时频分布图可以看出，岩溶型水库地震的能量密度分布相对集中，多表现为单峰；构造型水库地震能量相对分散，有两个以上的峰，峰与峰之间相差不是很大。

（2）岩溶型水库地震的主频在 0.5～3Hz 之间，构造型水库地震垂直向在 2～14Hz，水平向在 1.0～4.5Hz 之间。在震源距小于 10km 的台站，尤其在垂直向构造型水库地震的主频要明显大于岩溶型水库地震地震波的主频。水平向在震源距 10km 之内，也有类似的特点，如图 5.68～图 5.70 所示。

（3）在震源距小于 10km 台站记录到构造型水库地震的 P 波最大值，也要明显大于同等地震震级岩溶型水库地震的 P 波最大值，相关统计结果如图 5.71～图 5.73 所示。

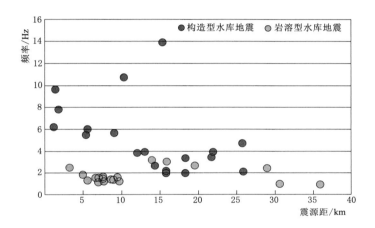

图 5.68　垂直（UP）向主频与震源距的关系

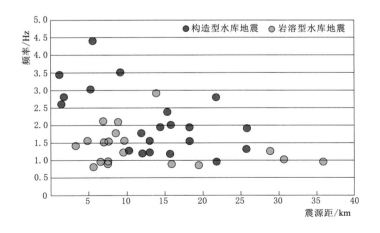

图 5.69　东西（EW）向主频与震源距的关系

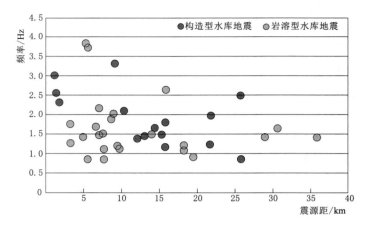

图 5.70　南北（NS）向主频与震源距的关系

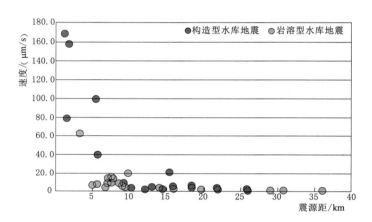

图 5.71　垂直（UP）向 P 波最大值与震源距的关系

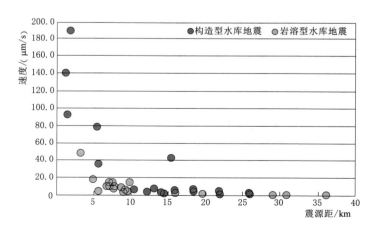

图 5.72　东西（EW）向 P 波最大值与震源距的关系

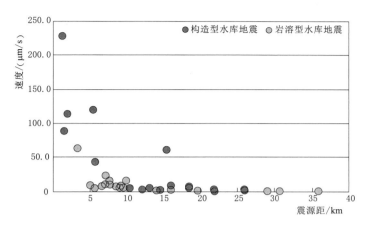

图 5.73 南北（NS）向 P 波最大值与震源距的关系

5.5 综 合 对 比 分 析

上述就天然地震、溪洛渡水库蓄水后发生在务基区的地震和发生在坝址区的地震分析地震波的主频、中心频率、带宽、S 波最大值与 P 波最大值之比及中心频率与主频之差与不同震级档的关系。天然地震最大地震震级为 3.5 级，发生在库首区地震的最大地震震级为 2.7 级，务基区最大地震为 5.3 级。为了在震级档上保持一致，且有一定数量的地震波可用于时频分析，以低震级档作为天然地震、务基区地震和坝址区地震时频参数对比分析的基础。

不同类型地震三个方向地震波的主频与地震震级大小的关系统计结果见表 5.9，EW向、SN 向和 UP 向三种类型地震波主频与震级的对应关系分别如图 5.74～图 5.76 所示。

表 5.9　　　　　　天然地震、坝址区地震、务基区地震地震波主频计算结果

类 别 划 分		震级范围（ML）			线 性 关 系
		1.0～1.4	1.5～1.9	2.0～2.4	
主频 （EW）	天然地震	2.64	2.47	3.47	$y=0.4154x+2.0285\ (R^2=0.6021)$
	坝址区地震	2.30	1.88	1.56	$y=-0.3677x+2.6486\ (R^2=0.9935)$
	务基区地震	2.44	2.26	2.03	$y=-0.2076x+2.6558\ (R^2=0.9964)$
主频 （SN）	天然地震	2.65	2.89	4.14	$y=0.7453x+1.7366\ (R^2=0.8697)$
	坝址区地震	2.16	1.84	1.72	$y=-0.2205x+2.3482\ (R^2=0.9382)$
	务基区地震	2.42	2.40	2.30	$y=-0.0639x+2.5\ (R^2=0.9086)$
主频 （UP）	天然地震	4.35	4.77	6.78	$y=1.217x+2.8664\ (R^2=0.8759)$
	坝址区地震	2.90	3.35	3.42	$y=0.2587x+2.7082\ (R^2=0.8425)$
	务基区地震	4.38	4.89	5.76	$y=0.6919x+3.6278\ (R^2=0.9777)$

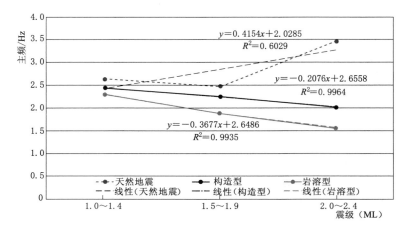

图 5.74　EW 向主频与震级的对应关系

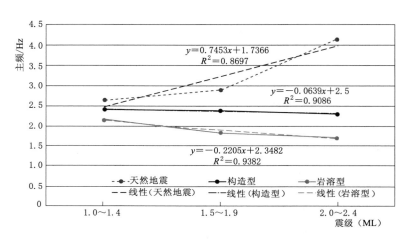

图 5.75　SN 向主频与震级的对应关系

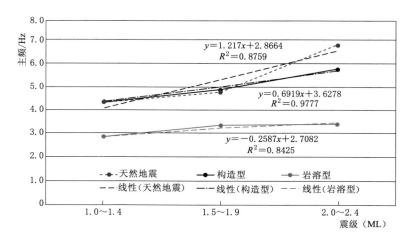

图 5.76　UP 向主频与震级的对应关系

不同类型地震三个方向地震波的中心频率与地震震级大小的关系统计结果见表 5.10，EW向、SN 向和 UP 向三种类型地震波中心频率与震级的对应关系分别如图 5.77～图 5.79 所示。

表 5.10　　　　天然地震、坝址区地震、务基区地震地震波中心频率计算结果

类别划分		震级范围（ML）			线　性　关　系
		1.0～1.4	1.5～1.9	2.0～2.4	
中心频点（EW）	天然地震	4.20	4.85	5.31	$y=0.555x+3.6733\ (R^2=0.9893)$
	坝址区地震	2.80	2.58	2.42	$y=-0.187x+2.9752\ (R^2=0.9935)$
	务基区地震	3.58	3.50	3.64	$y=0.03x+3.516\ (R^2=0.1676)$
中心频点（SN）	天然地震	3.91	4.62	5.40	$y=0.7436x+3.157\ (R^2=0.9989)$
	坝址区地震	2.73	2.60	2.59	$y=-0.074x+2.7884\ (R^2=0.8374)$
	务基区地震	3.44	3.62	4.06	$y=0.3099x+3.0834\ (R^2=0.9440)$
中心频点（UP）	天然地震	6.73	7.30	8.13	$y=0.7008x+5.9835\ (R^2=0.9892)$
	坝址区地震	3.77	3.90	3.96	$y=0.0951x+3.6872\ (R^2=0.9459)$
	务基区地震	6.10	6.03	6.47	$y=0.1865x+5.8263\ (R^2=0.6135)$

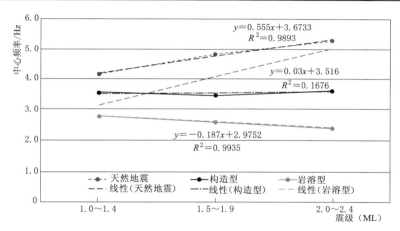

图 5.77　EW 向中心频率与震级的对应关系

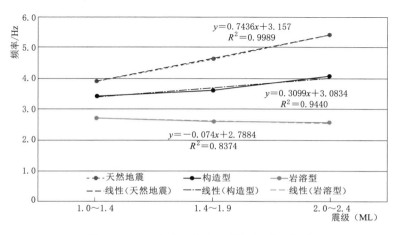

图 5.78　SN 向中心频率与震级的对应关系

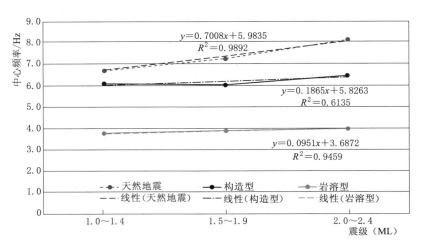

图 5.79　UP 向中心频率与震级的对应关系

不同类型地震三个方向地震波的带宽与地震震级大小的关系统计结果见表 5.11，EW 向、SN 向和 UP 向三种类型地震波带宽与震级的对应关系分别如图 5.80～图 5.82 所示。

表 5.11　　　　　　　天然地震、坝址区地震、务基区地震地震波带宽计算结果

类 别 划 分		震级范围（ML）			线 性 关 系
		1.0～1.4	1.5～1.9	2.0～2.4	
带宽 （EW）	天然地震	12.09	13.21	11.69	$y=-0.1969x+12.726\ (R^2=0.0626)$
	坝址区地震	5.92	6.28	6.49	$y=0.2845x+5.6618\ (R^2=0.9747)$
	务基区地震	9.49	9.24	9.98	$y=0.2464x+9.0773\ (R^2=0.4224)$
带宽 （SN）	天然地震	10.41	12.20	11.23	$y=0.4095x+10.46\ (R^2=0.2091)$
	坝址区地震	5.92	6.65	7.27	$y=0.6762x+5.2611\ (R^2=0.9982)$
	务基区地震	9.22	9.38	10.56	$y=0.6707x+8.3768\ (R^2=0.8406)$
带宽 （UP）	天然地震	19.74	19.72	18.60	$y=-0.5709x+20.497\ (R^2=0.7618)$
	坝址区地震	10.89	11.65	12.37	$y=0.74x+10.155\ (R^2=0.9997)$
	务基区地震	17.12	15.10	13.65	$y=-1.7367x+18.764\ (R^2=0.9991)$

不同类型地震三个方向地震波的 S 波最大值与 P 波最大值之比（S/P）与地震震级大小的关系统计结果见表 5.12，EW 向、SN 向和 UP 向三种类型地震波 S/P 与震级的对应关系分别如图 5.83～图 5.85 所示。

不同类型地震三个方向地震波中心频度与主频的差值与地震震级大小的关系统计结果见表 5.13，EW 向、SN 向和 UP 向三种类型地震波中心频率与主频的差值与震级的对应关系分别如图 5.86～图 5.88 所示。

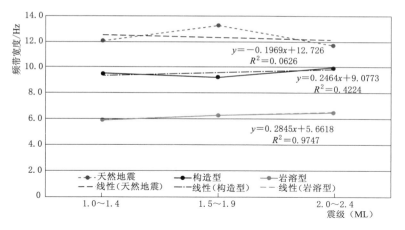

图 5.80 EW 向带宽与震级的对应关系

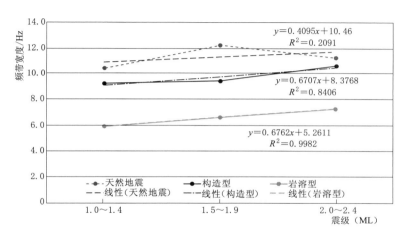

图 5.81 SN 向带宽与震级的对应关系

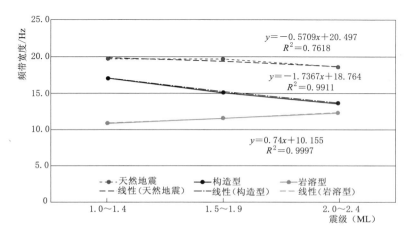

图 5.82 UP 向带宽与震级的对应关系

表 5.12　　　　　　　　　天然地震、坝址区地震、务基区地震地震波 S/P 计算结果

类 别 划 分		震级范围（ML）			线 性 关 系
		1.0～1.4	1.5～1.9	2.0～2.4	
S/P（EW）	天然地震	3.40	4.31	4.12	$y=0.3606x+3.2245$（$R^2=0.5609$）
	坝址区地震	3.41	4.44	5.82	$y=1.2025x+2.1542$（$R^2=0.9932$）
	务基区地震	3.17	3.50	3.85	$y=0.3374x+2.831$（$R^2=0.9996$）
S/P（SN）	天然地震	3.25	3.93	4.13	$y=0.4375x+2.8951$（$R^2=0.9105$）
	坝址区地震	3.39	3.59	4.07	$y=0.3399x+3$（$R^2=0.9460$）
	务基区地震	3.03	3.22	3.47	$y=0.2183x+2.8008$（$R^2=0.9927$）
S/P（UP）	天然地震	2.33	2.29	2.16	$y=-0.0842x+2.4257$（$R^2=0.9225$）
	坝址区地震	1.47	2.21	3.22	$y=0.8746x+0.5497$（$R^2=0.9929$）
	务基区地震	1.80	1.89	2.09	$y=0.1415x+1.6433$（$R^2=0.9542$）

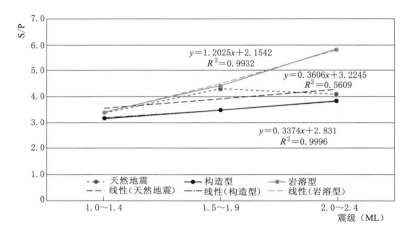

图 5.83　EW 向 S/P 与震级的对应关系

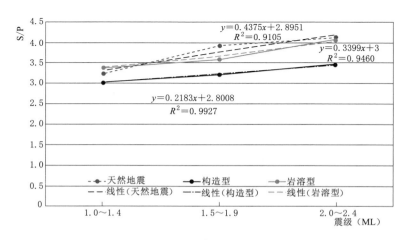

图 5.84　SN 向 S/P 与震级的对应关系

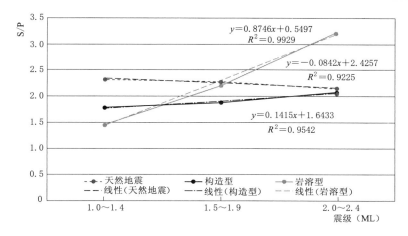

图 5.85　UP 向 S/P 与震级的对应关系

表 5.13　天然地震、坝址区地震、务基区地震地震波中心频率与主频的差值计算结果

类 别 划 分		震级范围（ML）			线 性 关 系
		1.0～1.4	1.5～1.9	2.0～2.4	
中心频率-主频 （EW）	天然地震	1.56	2.38	1.84	$y=0.1397x+1.6448$（$R^2=0.1113$）
	坝址区地震	0.50	0.70	0.86	$y=0.1807x+0.3266$（$R^2=0.9935$）
	务基区地震	1.14	1.24	1.62	$y=0.2376x+0.8602$（$R^2=0.8995$）
中心频率-主频 （SN）	天然地震	1.27	1.72	1.26	—
	坝址区地震	0.57	0.76	0.87	$y=0.1465x+0.4402$（$R^2=0.9739$）
	务基区地震	1.01	1.22	1.76	$y=0.3738x+0.5834$（$R^2=0.9385$）
中心频率-主频 （UP）	天然地震	2.38	2.53	1.35	$y=-0.5162x+3.117$（$R^2=0.6428$）
	坝址区地震	0.87	0.55	0.54	$y=-0.1636x+0.979$（$R^2=0.7712$）
	务基区地震	1.72	1.14	0.71	$y=-0.5054x+2.1985$（$R^2=0.9926$）

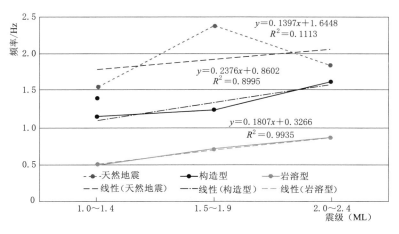

图 5.86　EW 向中心频率与主频的差值与震级的对应关系

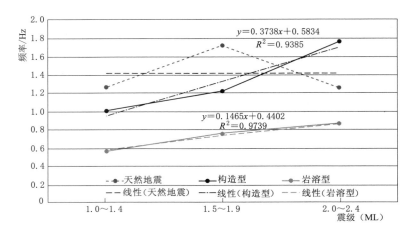

图 5.87　SN 向中心频率与主频的差值与震级的对应关系

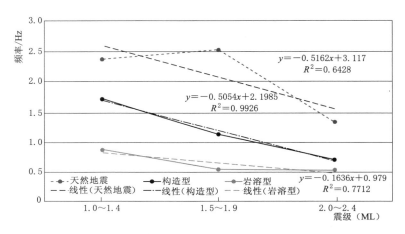

图 5.88　UP 向中心频率与主频的差值与震级的对应关系

5.6　不同类型水库地震统计特征总结

（1）根据对时频分析结果的统计，天然地震、构造型水库地震和岩溶型水库地震的主频、中心频率和带宽的分布特点如下：

1）天然地震。

水平向地震波（包括 EW、SN）：中心频率绝大部分在 2～7Hz 之间，占比达到 94%以上；主频在 1～4Hz 之间，占比达到 91.8%以上，其中主频在 1～1.9Hz 的又占到 40%以上；带宽在 4～23Hz 之间，但以 7～11Hz 为主。

垂直向（UP）：中心频率在 3～8Hz 之间，各频段的占比相差不大；主频在 1～7Hz之间，集中分布在 1～2Hz，占比接近 50%；带宽在 7～27Hz 之间，集中分布的现象不明显。

2）构造型水库地震。

水平向地震波（包括 EW、SN）：中心频率绝大部分在 1～4Hz 之间，占比达到 90%以上，以 1～1.9Hz 之间占比最大，达到 30%以上；主频在 0～4Hz 之间，占比达到 97.2%以上，其中主频在 1～1.9Hz 的又占到 48.3%以上；带宽在 2～14Hz 之间，但以 4～8Hz 为主。

垂直向（UP）：中心频率在 1～13Hz 之间，最大占比未超过 15%，但在 2～6Hz 占比较大，达到 63.8%以上；主频在 1～6Hz 之间，但在该范围之外的 13Hz、14Hz 也有少量的占比，在 9%左右；带宽在 5～27Hz 之间，集中分布的现象不明显，但以 10～14Hz 占比相对较大。

3）岩溶型水库地震。

水平向地震波（包括 EW、SN）：中心频率绝大部分在 1～4Hz 之间，占比达到 96.5%以上，以 2～3.9Hz 之间占比最大，达到 74.9%以上；主频在 0～4Hz 之间，占比达到 96.9%以上，其中主频在 1～1.9Hz 的又占到 55%以上；带宽在 2～9Hz 之间，但以 3～5Hz 为主。

垂直向（UP）：中心频率在 1～6Hz 之间，占比达到 91.7%，但在 2～4Hz 之间占比较大，达到 72.8%以上；主频在 0～5Hz 之间，但在该范围之外的 13Hz、14Hz 也有少量的占比，在 3.9%左右；带宽在 4～14Hz 之间，集中分布在 7～11Hz。

平均值分别如下。

EW：1.89Hz、2.59Hz、6.27Hz（岩溶型水库地震）；
　　2.18Hz、3.46Hz、9.18Hz（构造型水库地震）；
　　2.6Hz、4.4Hz、12.0Hz（天然地震）。

SN：1.86Hz、2.62Hz、6.64Hz（岩溶型水库地震）；
　　2.30Hz、3.62Hz、9.43Hz（构造型水库地震）；
　　2.80Hz、4.2Hz、10.7Hz（天然地震）。

UP：3.3Hz、3.90Hz、11.68Hz（岩溶型水库地震）；
　　5.04Hz、6.06Hz、14.67Hz（构造型水库地震）；
　　4.5Hz、6.8Hz、19.1Hz（天然地震）。

（2）不同类型地震波时频分布特征与震中距的关系。

1）地震波主频在震中距 3～10km 范围内，岩溶型、构造型与天然地震之间存在明显的差异（表 5.14）。岩溶型水库地震 EW 向地震波主频范围在 1.1～2.2Hz 之间，SN 向 1.2～2.3Hz，UP 向 2.3～6.3Hz；构造型水库地震 EW 向地震波主频范围在 2.6～3.4Hz 之间，SN 向 3.9～4.8Hz，UP 向 8.4～12.7Hz。天然地震绝大多数对应距离的主频都大于岩溶型地震的主频，但与务基区主频分布有交叉的现象。

2）岩溶型、构造型与天然地震，地震波中心频率特点。

表 5.14　天然地震、务基区地震、坝址区地震地震波主频与震中距的对应关系

震中距 /km	主频（EW）			主频（SN）			主频（UP）		
	天然地震	务基区地震	坝址区地震	天然地震	务基区地震	坝址区地震	天然地震	务基区地震	坝址区地震
0.0～0.9	—	3.42	—	—	5.44	—	—	12.99	—
1.0～1.9	—	3.21	—	—	5.68	—	—	13.55	—
2.0～2.9	2.97	3.01	—	3.81	4.86	—	6.30	11.80	—
3.0～3.9	1.52	2.74	2.19	1.52	4.68	2.29	7.05	11.44	3.81
4.0～4.9	2.81	2.95	2.14	2.66	4.20	2.08	9.01	9.85	4.94
5.0～5.9	3.34	3.16	1.52	2.69	4.22	1.51	6.49	9.10	5.70
6.0～6.9	1.95	3.38	1.49	8.51	4.16	1.49	9.81	8.45	2.54
7.0～7.9	3.61	3.03	1.65	5.99	4.07	1.60	9.97	8.92	2.71
8.0～8.9	3.42	2.71	1.78	3.18	3.86	1.98	3.82	9.34	2.51
9.0～9.9	2.28	2.55	1.52	2.98	4.78	1.80	3.48	12.66	2.25
10.0～10.9	1.40	2.96	1.14	1.33	4.35	1.17	1.74	10.68	6.30

岩溶型水库地震：EW 向 2.1～3Hz、SN 向 2.2～3.6Hz、UP 向 3.2～6.2Hz；
构造型水库地震：EW 向 2.6～3.2Hz、SN 向 3.9～6Hz、UP 向 8.5～13.9Hz；
天然地震：EW 向 3.9～8.9Hz、SN 向 3.65～9.8Hz、UP 向 5.6～11.9Hz。
岩溶型、构造型与天然地震，地震波中心频率与震中距的关系见表 5.15。

表 5.15　天然地震、务基区地震、坝址区地震地震波中心频率与震中距的对应关系

震中距 /km	中心频率（EW）			中心频率（SN）			中心频率（UP）		
	天然地震	务基区地震	坝址区地震	天然地震	务基区地震	坝址区地震	天然地震	务基区地震	坝址区地震
0.0～0.9	—	2.76	—	—	4.84	—	—	12.44	—
1.0～1.9	—	2.75	—	—	5.07	—	—	12.86	—
2.0～2.9	4.63	2.76	—	4.68	4.31	—	7.63	10.72	—
3.0～3.9	3.94	2.61	2.70	4.05	4.04	2.68	10.06	9.98	4.00
4.0～4.9	4.80	2.87	2.96	4.58	3.88	3.21	9.75	9.01	5.13
5.0～5.9	4.97	3.19	2.79	4.75	4.12	3.56	6.86	8.94	6.15
6.0～6.9	8.90	3.19	2.74	8.87	3.97	2.65	9.69	8.57	3.55
7.0～7.9	8.81	3.17	2.30	9.79	4.17	2.29	11.91	9.23	3.34
8.0～8.9	4.08	2.87	2.54	3.91	4.19	2.57	5.60	9.20	3.36
9.0～9.9	4.30	3.19	2.09	4.42	5.96	2.24	7.36	13.89	3.25
10.0～10.9	3.90	3.12	2.23	3.65	4.83	2.38	6.64	11.33	4.04

　　3）岩溶型、构造型与天然地震，地震波带宽特点。由于天然地震、务基区地震和坝址区地震三个方向地震波的带宽在不同的震中距离上均存在相互穿插的现象，因此，仅从地震波的带宽无法区分天然地震、构造型水库地震和岩溶型水库地震。但在震中距 3～7km 范围

内，岩溶型水库地震水平向地震波的带宽大于构造型水库地震的带宽。

天然地震、务基区地震、坝址区地震地震波带宽与震中距的对应关系见表5.16。

表 5.16　　天然地震、务基区地震、坝址区地震地震波带宽与震中距的对应关系

震中距 /km	带宽（EW）			带宽（SN）			带宽（UP）		
	天然地震	务基区地震	坝址区地震	天然地震	务基区地震	坝址区地震	天然地震	务基区地震	坝址区地震
0.0～0.9	—	7.43	—	—	9.18	—	—	22.62	—
1.0～1.9	—	7.88	—	—	9.70	—	—	24.23	—
2.0～2.9	12.97	6.76	—	11.27	8.19	—	14.28	21.12	—
3.0～3.9	15.03	6.09	6.17	13.98	7.72	5.94	27.41	20.43	14.84
4.0～4.9	14.71	5.74	7.61	12.89	8.18	8.80	24.09	21.75	14.84
5.0～5.9	11.94	6.19	10.21	11.24	7.40	13.50	15.27	17.33	18.15
6.0～6.9	18.25	5.57	8.33	17.34	6.52	8.66	13.69	14.72	13.76
7.0～7.9	22.29	5.92	5.42	22.48	6.58	5.85	19.52	13.31	11.18
8.0～8.9	9.41	5.99	5.65	9.29	6.52	6.29	16.08	13.35	11.53
9.0～9.9	12.16	9.15	4.90	11.86	8.65	4.81	23.88	13.78	10.71
10.0～10.9	16.10	7.54	4.99	14.67	7.73	5.08	23.37	14.30	8.70

4）岩溶型、构造型与天然地震，地震波 S/P 特点。在 3～10km 范围内，利用 S/P 值的大小来区分天然地震、构造型水库地震和岩溶型水库地震是比较困难的，三者之间没有相对独立的比值分布，用以区分三者存在的明显差异。只有在 5～8km 区间，UP 向岩溶型地震地震波的 S/P 最大，天然地震次之，务基区的 S/P 最小。

天然地震、务基区地震、坝址区地震地震波 S/P 与震中距的对应关系见表5.17。

表 5.17　　天然地震、务基区地震、坝址区地震地震波 S/P 与震中距的对应关系

震中距 /km	S/P（EW）			S/P（SN）			S/P（UP）		
	天然地震	务基区地震	坝址区地震	天然地震	务基区地震	坝址区地震	天然地震	务基区地震	坝址区地震
0.0～0.9	—	4.52	—	—	4.83	—	—	1.77	—
1.0～1.9	—	4.75	—	—	4.50	—	—	2.04	—
2.0～2.9	2.11	4.28	—	2.45	4.41	—	1.65	1.91	—
3.0～3.9	2.26	5.51	4.61	1.82	5.65	2.89	1.67	2.40	2.04
4.0～4.9	4.46	4.64	4.45	4.23	5.29	2.66	3.44	2.10	2.71
5.0～5.9	2.38	3.76	5.13	1.72	4.25	3.02	2.26	1.86	4.45
6.0～6.9	3.60	3.17	7.36	2.17	3.31	3.28	2.22	1.76	3.09
7.0～7.9	4.45	2.92	4.82	4.62	2.94	3.42	1.74	1.85	2.01
8.0～8.9	3.82	3.25	4.47	4.75	3.11	3.81	2.58	1.95	1.93
9.0～9.9	5.04	4.34	3.22	4.07	3.99	3.44	1.79	2.73	1.36
10.0～10.9	3.87	3.75	2.41	5.85	3.17	4.23	3.62	2.53	0.75

5）地震波 S 波最大值和 P 波最大值之比。利用地震波 S 波最大值和 P 波最大值之比来区分天然地震、构造型水库地震和岩溶型水库地震，统计特征见表 5.18。

表 5.18　　坝址区地震、天然地震和务基区地震 P 波、S 波最大值统计

地震类别	地震波方向					
	EW		SN		UP	
	$P_{最}$ /(μm/s)	$S_{最}$ /(μm/s)	$P_{最}$ /(μm/s)	$S_{最}$ /(μm/s)	$P_{最}$ /(μm/s)	$S_{最}$ /(μm/s)
坝址区地震	6.39	40.38	10.36	35.99	10.23	35.96
天然地震	16.80	36.40	33.13	30.14	23.94	29.29
务基区地震	70.80	220.10	71.35	242.77	118.80	135.01

注　震级大小 2.0 级≤ML≤2.4 级；震源深度 2km≤H≤4km；震中距 5km≤D≤9km。

从表 5.20 可以看出，发生在务基区的构造型水库地震 EW 向 P 波的最大值，分别是岩溶型水库地震和天然地震 EW 向 P 波最大值的 11 倍和 4 倍，S 波最大值分别是 5.5 倍和 6 倍；构造型水库地震 SN 向地震波的 P 波最大值分别是岩溶型水库地震和天然地震的 6.9 倍和 2.2 倍，S 波的最大值分别是 6.7 倍和 8 倍；UP 向 P 波最大值分别是 11.6 倍和 5 倍，S 波最大值分别是 3.8 倍和 4.6 倍。

6）中心频率和主频的差值随震中距的不同所表现出的变化特征。地震波的中心频率和主频的差值随震中距的不同所表现出的变化特征，能够作为区别天然地震、构造型水库地震和岩溶型水库地震的一个重要参考数据。地震波中心频率与主频的差值在 0.0～1.0Hz 之间，属于岩溶型水库地震的可能性最大；地震波中心频率与主频的差值小于零，属于构造型水库地震的可能性最大；地震波中心频率与主频的差值大于 1.0Hz，属于天然地震的可能性最大。

天然地震、构造型水库地震和岩溶型水库地震中心频率和主频的差值与不同震中距的对应关系见表 5.19。

表 5.19　　中心频率和主频的差值与震中距的对应关系

震中距 /km	中心频率-主频（EW）			中心频率-主频（SN）			中心频率-主频（UP）		
	天然地震	务基区地震	坝址区地震	天然地震	务基区地震	坝址区地震	天然地震	务基区地震	坝址区地震
0.0～0.9	—	−0.66	—	—	−0.61	—	—	−0.54	—
1.0～1.9	—	−0.46	—	—	−0.61	—	—	−0.69	—
2.0～2.9	1.66	−0.25	—	0.87	−0.55	—	1.33	−1.08	—
3.0～3.9	2.42	−0.13	0.51	2.53	−0.64	0.39	3.02	−1.46	0.19
4.0～4.9	1.99	−0.08	0.81	1.92	−0.32	1.13	0.73	−0.84	0.19
5.0～5.9	1.62	0.03	1.28	2.06	−0.10	2.05	0.37	−0.16	0.46
6.0～6.9	6.95	−0.19	1.25	0.35	−0.19	1.16	−0.12	0.12	1.01

震中距 /km	中心频率-主频（EW）			中心频率-主频（SN）			中心频率-主频（UP）		
	天然地震	务基区地震	坝址区地震	天然地震	务基区地震	坝址区地震	天然地震	务基区地震	坝址区地震
7.0～7.9	5.19	0.14	0.65	3.80	0.11	0.69	1.94	0.31	0.63
8.0～8.9	0.66	0.16	0.76	0.72	0.33	0.59	1.78	−0.14	0.85
9.0～9.9	2.02	0.64	0.58	1.44	1.19	0.44	3.88	1.23	1.00
10.0～10.9	2.50	0.16	1.10	2.33	0.48	1.21	4.89	0.65	−2.26

（3）不同类型地震波时频分布特征与震级的关系。

1）天然地震、坝址区地震、务基区地震地震波主频与震级的关系见表5.20。

表 5.20 天然地震、坝址区地震、务基区地震地震波主频计算结果

类 别 划 分		震级范围（ML）			线 性 关 系
		1.0～1.4	1.5～1.9	2.0～2.4	
主频（EW）	天然地震	2.64	2.47	3.47	$y=0.4154x+2.0285\ (R^2=0.60)$
	坝址区地震	2.30	1.88	1.56	$y=-0.3677x+2.6486\ (R^2=0.99)$
	务基区地震	2.44	2.26	2.03	$y=-0.2076x+2.6558\ (R^2=0.99)$
主频（SN）	天然地震	2.65	2.89	4.14	$y=0.7453x+1.7366\ (R^2=0.87)$
	坝址区地震	2.16	1.84	1.72	$y=-0.2205x+2.3482\ (R^2=0.94)$
	务基区地震	2.42	2.40	2.30	$y=-0.0639x+2.5\ (R^2=0.91)$
主频（UP）	天然地震	4.35	4.77	6.78	$y=1.217x+2.8664\ (R^2=0.88)$
	坝址区地震	2.90	3.35	3.42	$y=0.2587x+2.7082\ (R^2=0.84)$
	务基区地震	4.38	4.89	5.76	$y=0.6919x+3.6278\ (R^2=0.98)$

2）天然地震、坝址区地震、务基区地震地震波中心频率与震级的关系见表5.21。

表 5.21 天然地震、坝址区地震、务基区地震地震波中心频率计算结果

类 别 划 分		震级范围（ML）			线 性 关 系
		1.0～1.4	1.5～1.9	2.0～2.4	
中心频率（EW）	天然地震	4.20	4.85	5.31	$y=0.555x+3.6733\ (R^2=0.99)$
	坝址区地震	2.80	2.58	2.42	$y=-0.187x+2.9752\ (R^2=0.99)$
	务基区地震	3.58	3.50	3.64	$y=0.03x+3.516\ (R^2=0.17)$
中心频率（SN）	天然地震	3.91	4.62	5.40	$y=0.7436x+3.157\ (R^2=0.99)$
	坝址区地震	2.73	2.60	2.59	$y=-0.074x+2.7884\ (R^2=0.84)$
	务基区地震	3.44	3.62	4.06	$y=0.3099x+3.0834\ (R^2=0.94)$
中心频率（UP）	天然地震	6.73	7.30	8.13	$y=0.7008x+5.9835\ (R^2=0.99)$
	坝址区地震	3.77	3.90	3.96	$y=0.0951x+3.6872\ (R^2=0.95)$
	务基区地震	6.10	6.03	6.47	$y=0.1865x+5.8263\ (R^2=0.61)$

3）天然地震、坝址区地震、务基区地震地震波带宽与震级的关系见表5.22。

表 5.22　　　　　　天然地震、坝址区地震、务基区地震地震波带宽计算结果

类别划分		震级范围（ML）			线 性 关 系
		1.0～1.4	1.5～1.9	2.0～2.4	
带宽（EW）	天然地震	12.09	13.21	11.69	$y=-0.1969x+12.726 (R^2=0.06)$
	坝址区地震	5.92	6.28	6.49	$y=0.2845x+5.6618 (R^2=0.97)$
	务基区地震	9.49	9.24	9.98	$y=0.2464x+9.0773 (R^2=0.42)$
带宽（SN）	天然地震	10.41	12.20	11.23	$y=0.4095x+10.46 (R^2=0.21)$
	坝址区地震	5.92	6.65	7.27	$y=0.6762x+5.2611 (R^2=0.99)$
	务基区地震	9.22	9.38	10.56	$y=0.6707x+8.3768 (R^2=0.84)$
带宽（UP）	天然地震	19.74	19.72	18.60	$y=-0.5709x+20.497 (R^2=0.76)$
	坝址区地震	10.89	11.65	12.37	$y=0.74x+10.155 (R^2=0.99)$
	务基区地震	17.12	15.10	13.65	$y=-1.7367x+18.764 (R^2=0.99)$

4）天然地震、坝址区地震、务基区地震地震波波幅比与震级的关系见表 5.23。

表 5.23　　　　　　天然地震、坝址区地震、务基区地震地震波 S/P 计算结果

类别划分		震级范围（ML）			线 性 关 系
		1.0～1.4	1.5～1.9	2.0～2.4	
S/P（EW）	天然地震	3.40	4.31	4.12	$y=0.3606x+3.2245 (R^2=0.56)$
	坝址区地震	3.41	4.44	5.82	$y=1.2025x+2.1542 (R^2=0.99)$
	务基区地震	3.17	3.50	3.85	$y=0.3374x+2.831 (R^2=0.99)$
S/P（SN）	天然地震	3.25	3.93	4.13	$y=0.4375x+2.8951 (R^2=0.91)$
	坝址区地震	3.39	3.59	4.07	$y=0.3399x+3 (R^2=0.95)$
	务基区地震	3.03	3.22	3.47	$y=0.2183x+2.8008 (R^2=0.99)$
S/P（UP）	天然地震	2.33	2.29	2.16	$y=-0.0842x+2.4257 (R^2=0.92)$
	坝址区地震	1.47	2.21	3.22	$y=0.8746x+0.5497 (R^2=0.99)$
	务基区地震	1.80	1.89	2.09	$y=0.1415x+1.6433 (R^2=0.95)$

5）天然地震、坝址区地震、务基区地震地震波主频与中心频率之差与震级的关系见表 5.24。

表 5.24　　　　　　天然地震、坝址区地震、务基区地震地震波
中心频率与主频的差值计算结果

类别划分		震级范围（ML）			线 性 关 系
		1.0～1.4	1.5～1.9	2.0～2.4	
中心频率-主频（EW）	天然地震	1.56	2.38	1.84	$y=0.1397x+1.6448 (R^2=0.11)$
	坝址区地震	0.50	0.70	0.86	$y=0.1807x+0.3266 (R^2=0.99)$
	务基区地震	1.14	1.24	1.62	$y=0.2376x+0.8602 (R^2=0.90)$

类别划分		震级范围（ML）			线 性 关 系
		1.0～1.4	1.5～1.9	2.0～2.4	
中心频率-主频（SN）	天然地震	1.27	1.72	1.26	—
	坝址区地震	0.57	0.76	0.87	$y = 0.1465x + 0.4402$（$R^2 = 0.97$）
	务基区地震	1.01	1.22	1.76	$y = 0.3738x + 0.5834$（$R^2 = 0.94$）
中心频率-主频（UP）	天然地震	2.38	2.53	1.35	$y = -0.5162x + 3.117$（$R^2 = 0.64$）
	坝址区地震	0.87	0.55	0.54	$y = -0.1636x + 0.979$（$R^2 = 0.77$）
	务基区地震	1.72	1.14	0.71	$y = -0.5054x + 2.1985$（$R^2 = 0.99$）

（4）不同类型地震波时频分布特征。

1）从岩溶型和构造型水库地震的时频分布图可以看出，岩溶型水库地震的能量密度分布相对集中，多表现为单峰；构造型水库地震能量相对分散，有两个以上的峰，峰与峰之间相差不是很大。

2）岩溶型水库地震的主频在 0.5～3Hz 之间，构造型水库地震垂直向在 2～14Hz，水平向在 1.0～4.5Hz 之间。在震源距小于 10km 的台站，尤其在垂直向构造型水库地震的主频要明显大于岩溶型水库地震地震波的主频。水平向在震源距 10km 之内，也有类似的特点。

3）在震源距小于 10km 台站记录到构造型水库地震的 P 波最大值，也要明显大于同等地震震级岩溶型水库地震的 P 波最大值。

第 6 章

水库地震震源参数特征研究

6.1　方　法　与　原　理

1. 地震波形预处理

由于地震波辐射能量中大部分集中在 S 波分量中，所以这里只考虑使用 S 波进行计算。

（1）首先，需要对地震波形记录进行预处理，包括去除仪器响应，消除波形趋势项，并用传感器的灵敏度值对数据进行标定，得到单位为 μm/s 的速度波形信号。

（2）截取地震波形是以小于波形总能量的 90% 为截取条件的，设 S 波到时点数据为波的起点，S 波形的总能量可表述为

$$E = \sum_{k=1}^{n} s^2(k)$$

式中：E 为 S 波的总能量；$s(k)$ 为波形信号；n 为波形总长度。

如果计算到 m 点时

$$E_m = \sum_{k=1}^{m} s^2(k) > 0.9 * E \quad (m < n)$$

则，m 为截取 S 波的长度。

2. 计算位移幅值谱

（1）采用平移窗谱法计算，即按顺序从 S 波中取若干段 FFT 长度的信号，每段信号的前半部分取的是前一段信号的后半部分，算出每段信号的幅值谱并进行叠加，最后对谱求平均，得出 S 波没有校正的速度幅值谱。有三个方向速度谱，即东西向、南北向和垂直向的。

（2）取地震波形记录 P 波到时前一段数据进行 FFT 变换，得到噪声幅值谱，于是有

$$V(f) = \sqrt{V_0^2(f) - N^2(f)} \tag{6.1}$$

式中：$V(f)$ 为经噪声校正的速度幅值谱；$V_0(f)$ 为直接由地震记录得到的速度谱；$N(f)$ 为噪声谱。

（3）合并东西向、南北向速度谱为水平向谱

$$V_H(f) = \sqrt{V_{EW}^2(f) + V_{NS}^2(f)} \tag{6.2}$$

（4）将水平向和垂直向速度幅值谱分别转换为位移幅值谱 $D_H(f)$ 和 $D_U(f)$

$$D_H(f) = V_H(f)/2\pi f \tag{6.3}$$

$$D_U(f) = V_U(f)/2\pi f \tag{6.4}$$

3. 计算震源参数

根据布龙（Brune）的地震破裂位错圆盘模型（1970 年），中小地震的理论震源位移幅值谱可以表示为

$$D(f) = \frac{\Omega_0}{1 + \left(\dfrac{f}{f_c}\right)^2} \tag{6.5}$$

式中：$D(f)$ 为震源谱；f_c 为拐角频率；Ω_0 为低频幅值。

用实测地震位移谱，采用差值平方和最小来估计非线性静态模型参数的最小二乘法曲线拟合进行参数识别，使观测谱和理论谱具有最小残差，以求出拐角频率和低频幅值的估计值，目标函数可表达为

$$\varepsilon = \sum_{k=1}^{n} \left[D_{ob}(f_k) - D_{th}(f_k) \right]^2 \tag{6.6}$$

式中：D_{ob} 为实测位移谱；D_{th} 为理论位移谱；n 为频率点数；k 为频率点序号。

采用非线性最小二乘法曲线拟合法需要输入初值。由式（6.1）可看出，在频率很低时震源谱趋于一个常数，所以可以选取震源谱低频若干点的平均值作为 Ω_0 的初值；而拐角频率的初值可取一个常数，例如 10，即可。

使用计算得到的拐角频率和低频幅值，利用下列关系，可求出震源参数。

地震矩 M_0

$$M_0 = \frac{4\pi\rho v^3 \Omega_0}{2R_{\theta\phi}} \tag{6.7}$$

矩震级 M_w

$$M_w = \frac{2}{3} \lg M_0 + 6.07 \tag{6.8}$$

震源半径 r

$$r = \frac{2.34v}{2\pi f_c} \tag{6.9}$$

应力降 $\Delta\sigma$

$$\Delta\sigma = \frac{7M_0}{16r^3} \tag{6.10}$$

式中：ρ 为密度，取 2.7g/cm；v 为 S 波波速，取 3.5km/s；$R_{\theta\phi}$ 为辐射花样系数，取 0.6。

6.2　震源参数计算

　　采用双差层析成像方法，反演了向家坝、溪洛渡水库震源区速度结构，同时获取了地震事件高精度的震源位置和发震时刻信息。筛选 2062 条地震波记录，基于 Aki 单次散射模型，计算了研究区地震尾波 Q_c 值与频率的关系，拟合关系如图 6.1 所示。

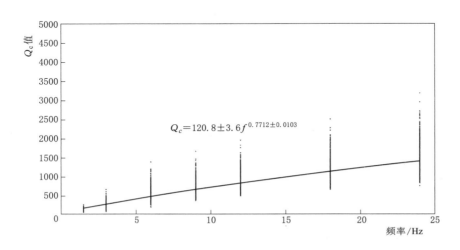

$$Q_c = 120.8 \pm 3.6 f^{0.7712 \pm 0.0103}$$

图 6.1　向家坝、溪洛渡库区地震尾波 Q_c 值与频率拟合关系

　　计算的 7 个中心滤波频率点，分别为 1.5Hz、3Hz、6Hz、9Hz、12Hz、18Hz、24Hz。将所有台站记录到的地震不同中心频率点都叠加到图 6.1 中，拟合得到 $Q_c(f)$ 关系式。

　　拟合关系中，Q_c 值的 95％ 置信误差为 ±3.6，η 值的 95％ 置信误差为 ±0.0103。赵小艳、苏有锦基于云南数字地震观测台网 10 个台站，震中距 60km 范围内的观测数据，采用 Aki 单次散射模型计算了小江断裂带 Q_c 值与频率的关系，作者给出的昭通台尾波计算结果：$Q_c = 91.7 f^{0.74}$。苏金蓉等基于 Atkinson 方法，得到攀枝花—西昌地区的 Q_c 值与频率关系：$Q_c(f) = 101.9 f^{0.6663}$。向家坝、溪洛渡库区与小江地区相邻，计算结果与上述作者的研究结果接近。

　　编制震源参数计算程序，扣除观测谱中的仪器响应、自由表面效应、噪声、路径响应（几何衰减及非弹性衰减）和场地响应后得到震源谱。通过计算水库台网记录到的蓄水前后地震波数据，获得拐角频率、地震矩、矩震级、震源破裂半径、应力降等震源参数间的定标关系，图 6.2 为震源参数计算程序给出的一次地震震源参数计算结果。

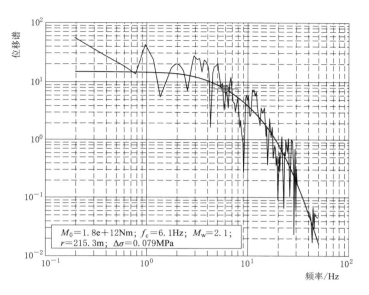

$M_0 = 1.8\text{e}+12\text{Nm}; f_c = 6.1\text{Hz}; M_w = 2.1;$
$r = 215.3\text{m}; \Delta\sigma = 0.079\text{MPa}$

图 6.2　震源参数计算结果

（地震矩 $M_0 = 1.8 \times 10^{12} \text{N} \cdot \text{m}$，拐角频率 $f_c = 6.1\text{Hz}$，矩震级 $M_W = 2.1$，
震源破裂半径 $r = 215.3\text{m}$，应力降 $\Delta\sigma = 0.079\text{MPa}$）

6.3　不同类型水库地震震源参数特征

金沙江下游梯级水电站水库地震监测系统向家坝、溪洛渡库区的 26 个监测台站于 2008 年 8 月建成并投入运行（向家坝库区 16 个、溪洛渡库区 10 个），对向家坝库尾段及溪洛渡库区第一、第二段重点监测区的控震能力达到 ML0.5 级。溪洛渡水电站于 2013 年 5 月 4 日正式下闸蓄水，之后的 4 年间于库首区共计发生了 4000 余次微小地震，其中地震震级大于 ML1.5 级的 169 次，最大地震 ML2.8 级。通过对波形数据完整性的判别，选择了其中的 158 次地震进行地震震源参数计算，共取得 1580 组地震震源参数数据（20 个测震台站）。在进行水库蓄水前后地震震源参数对比分析时，只选择了位于溪洛渡库首区的 6 个测震台站（汶水、永盛、吞都、乌角、白胜、白沙），分别进行震源参数之间相关关系分析。溪洛渡水库正式蓄水之前，由于库首区天然地震很少发生，为了在震源参数对比时，利用同一台站监测的地震数据，天然地震只选取了 2008 年 8 月台网运行之后发生在溪洛渡库区，且震中距小于 30km 内的地震。天然地震共计 57 个，震级范围 $0.0 \leqslant \text{ML} \leqslant 3.5$ 级，获取的地震震源参数数据共计 373 组。下面就每个测震台站蓄水前后地震矩与拐角频率、地震矩与震级、应力降与地震矩和应力降与震源半径的定标关系进行分析。

6.3.1　岩溶型水库地震震源参数特征

溪洛渡水库蓄水前后 5 个测震台站（汶水、永盛、吞都、乌角、白胜）在水库蓄水之前，共计有 168 组地震震源参数数据，蓄水之后至 2017 年 6 月，共计有 722 组地震震源

参数数据，其地震矩与拐角频率、地震矩与震级和应力降与地震矩之间的定标关系分别
如图 6.3～图 6.5 所示。

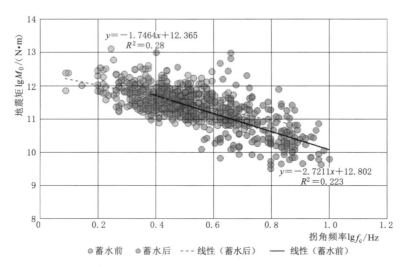

图 6.3　库首区水库蓄水前后地震矩与拐角频率的定标关系

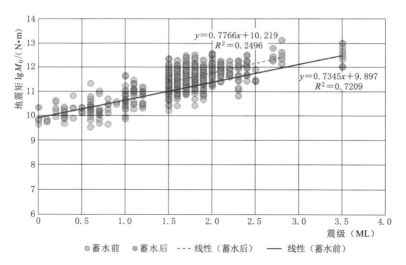

图 6.4　库首区水库蓄水前后地震矩与地震震级的定标关系

库首区地震矩与拐角频率的定标关系：
$$\lg M_0 = -1.7464 \lg f_0 + 12.365 \quad (R^2 = 0.28)（蓄水后）$$
$$\lg M_0 = -2.7211 \lg f_0 + 12.802 \quad (R^2 = 0.22)（蓄水前）$$
库首区地震矩与震级的定标关系：
$$\lg M_0 = 0.7766 ML + 10.219 \quad (R^2 = 0.25)（蓄水后）$$
$$\lg M_0 = 0.7345 ML + 9.897 \quad (R^2 = 0.72)（蓄水前）$$

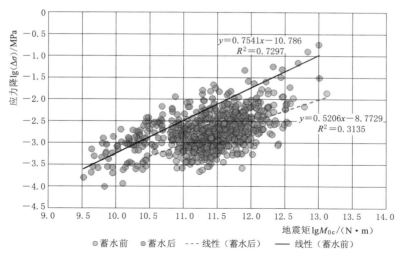

图 6.5　库首区水库蓄水前后应力降与地震矩的定标关系

库首区应力降与地震矩的定标关系：

$$\lg\Delta\sigma = 0.5206\lg M_0 - 8.7729 \quad (R^2 = 0.31)（蓄水后）$$

$$\lg\Delta\sigma = 0.7541\lg M_0 - 10.786 \quad (R^2 = 0.73)（蓄水前）$$

图 6.6 为库首区拐角频率与库水位之间的关系。从图中可以看出，水库蓄水前后拐角频率有明显的不同。水库蓄水之前 4 年间的 168 个数据点，拐角频率的分布范围在 3～10Hz 之间，总体均值在 6Hz 左右；水库蓄水之后，4 年的时间，数据点共有 722 个，拐角频率的分布范围在 1～6Hz 之间，总体均值在 3Hz 左右。虽然水库蓄水前后，拐角频率有明显的变化，但在蓄水之后的这段时间内，拐角频率与库水位的升降没有明显的相关关系。

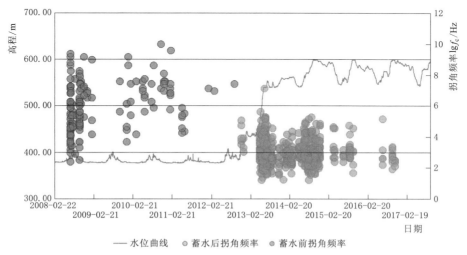

图 6.6　库首区水库蓄水前后拐角频率与库水位的关系

6.3.2　构造型水库地震震源参数特征

溪洛渡水库第二段，水库蓄水后出现了明显的震情变化，根据对该区段水库地震性质的研究，属于构造型水库诱发地震。水库蓄水前后该区段震源参数的变化特征分析，天然地震选取了金沙江下游梯级水电站水库地震监测系统运行以来发生在该区域内的地震，共计 57 次，最大地震 ML3.5 级，天然地震震源参数数据共计 373 组。水库蓄水后，至 2017 年 6 月，共发生了 14000 余次地震，依据地震波形受干扰的程度，只选取了其中大于 ML1.0 级中的 693 次地震（震级的分布：1.0 级≤ML≤2.0 级地震 461 次，2.0 级≤ML≤3.0 级地震 193 次，3.0 级≤ML≤4.0 级地震 34 次，4.0 级≤ML≤5.0 级地震 4 次，ML>5.0 级地震 1 次）进行震源参数的计算，共取得 4189 组地震震源参数数据。每组地震震源参数包括了地震矩、震源半径、应力降、拐角频率和频带的宽度。现就不同地震监测台站在水库蓄水前后震源参数的变化，震源半径、应力降、拐角频率和带宽与地震震级大小、不同地震震中距离的变化和震源参数之间的定标关系进行分析。

1. 地震矩与拐角频率的定标关系

图 6.7 为务基—白胜区段水库蓄水前后地震矩与拐角频率的定标关系。从图上可以看出，水库蓄水之后地震矩是随拐角频率的增大而减小，采用最小二乘法拟合后 M_0 与 f_0 的定标关系为

$$\lg M_0 = -1.732 \lg f_0 + 12.583 \quad (R^2 = 0.18)（蓄水后）$$

$$\lg M_0 = -2.4649 \lg f_0 + 12.723 \quad (R^2 = 0.21)（蓄水前）$$

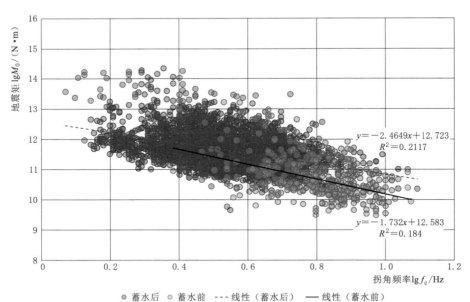

图 6.7　务基—白胜区段水库蓄水前后地震矩与拐角频率的定标关系

从地震矩与拐角频率的相关关系来看，虽然总体上地震矩与拐角频率成反比的关系，但水库蓄水前后定标关系的相关系统较小，数据点比较分散。相同拐角频率情况下，地

震矩的大小可以相差三个数量级。

2. 地震矩与震级的定标关系

图 6.8 为务基—白胜区段水库蓄水前后地震矩与震级的定标关系，采用最小二乘法拟合后 M_0 与 ML 的定标关系为：

$$\lg M_0 = 0.8336ML + 9.9572 \quad (R^2 = 0.62)(蓄水后)$$

$$\lg M_0 = 0.7352ML + 9.9737 \quad (R^2 = 0.70)(蓄水前)$$

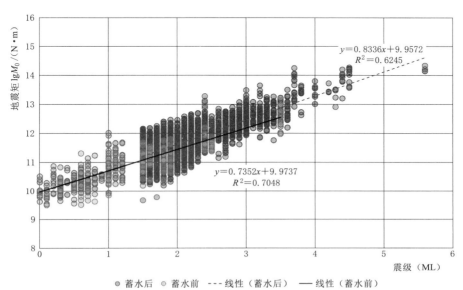

图 6.8　务基—白胜区段水库蓄水前后地震矩与地震震级的定标关系

从图上可以看出，地震矩与地震震级的定标关系在水库蓄水前后没有太大的变化。

3. 应力降与震源半径的关系如图 6.9 所示。

从图上可以看出，应力降与震源半径之间的相关关系趋势性变化不明显，因此也就不存在确定性的定标关系。

4. 应力降与地震矩的定标关系

图 6.10 为务基—白胜区段水库蓄水前后应力降与地震矩的定标关系，采用最小二乘法拟合后 M_0 与 ML 的定标关系为：

$$\lg \Delta\sigma = 0.6814\log M_0 - 10.359 \quad (R^2 = 0.51)(蓄水后)$$

$$\lg \Delta\sigma = 0.7423\log M_0 - 10.55 \quad (R^2 = 0.69)(蓄水前)$$

6.3.3　总结

（1）根据溪洛渡水库蓄水进程与水库地震的研究成果，发生在溪洛渡库区第一库段的地震为岩溶型水库诱发地震，第二库段的地震为构造型水库诱发地震。通过对第一、第二库段相关台站震源参数在水库蓄水前后的对比分析（表 6.1），溪洛渡水库岩溶型水库诱发地震、构造型水库诱发地震和天然地震在地震震源参数上存在明显的差异，这种

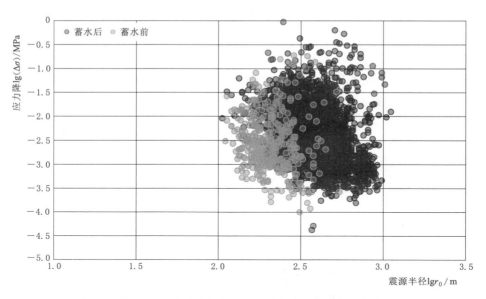

图 6.9　务基—白胜区段水库蓄水前后应力降与震源半径的关系

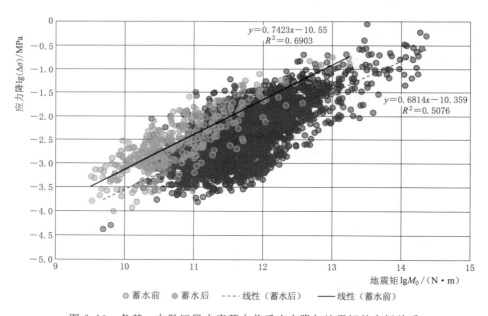

图 6.10　务基—白胜区段水库蓄水前后应力降与地震矩的定标关系

差异为今后水库诱发地震的判别提供依据。

1) 岩溶型水库诱发地震。

震源半径：450m（420~490m）

应力降：0.0022MPa（0.0015~0.0031MPa）

拐角频率：3.2Hz（2.9~3.3Hz）

频带：11.8Hz（10～12.5Hz）

2）构造型水库诱发地震。

震源半径：390m（310～450m）

应力降：0.009MPa（0.003～0.021MPa）

拐角频率：3.7Hz（3.1～4.3Hz）

频带：12Hz（11～14Hz）

3）天然地震。

震源半径：219m（210～240m）

应力降：0.009MPa（0.003～0.01MPa）

拐角频率：6Hz（5～7Hz）

频带：18Hz（17～19Hz）

表 6.1　　　　　溪洛渡水库第一、第二库段蓄水前后台站地震震源参数一览表

台站名称	蓄　水　前				蓄　水　后			
	震源半径/m	应力降/MPa	拐角频率/Hz	频带/Hz	震源半径/m	应力降/MPa	拐角频率/Hz	频带/Hz
溪洛渡水库第一库段								
汶水台	240.05	0.0023	6.13	17.35	451.58	0.0015	3.08	12.26
永盛台	252.83	0.0065	5.62	17.89	469.01	0.0031	2.94	11.82
吞都台	252.83	0.0065	5.62	17.89	469.01	0.0031	2.94	11.82
乌角台	217.65	0.0086	6.42	18.14	486.84	0.0035	2.92	10.96
白胜台	234.18	0.0076	5.74	17.93	425.40	0.0021	3.28	11.63
平均	219.33	0.0088	6.47	18.19	450.07	0.0022	3.19	11.84
溪洛渡水库第二库段								
白胜台	234.18	0.0076	5.74	17.93	322.61	0.0209	4.27	13.59
乌角台	217.65	0.0086	6.42	18.14	374.08	0.0077	3.87	12.80
小务基	227.41	0.0128	5.81	18.04	312.68	0.0130	4.33	12.71
黄华台	225.02	0.0083	6.39	18.75	415.37	0.0096	3.36	11.60
元宝山	266.51	0.0027	5.03	16.26	441.53	0.0036	3.16	10.97
平均	219.33	0.0088	6.47	18.19	390.15	0.0093	3.68	12.50

（2）通过对岩溶型水库诱发地震、构造型水库诱发地震以及天然地震震源参数与不同地震震档、不同震中距离之间的关系分析，得知地震的震源参数与不同震级的大小均呈现出趋势性的变化，而地震震源参数与不同震中距离没有明显的趋势性变化。但在震源参数与地震震级大小的趋势性变化中，岩溶型水库诱发地震拐角频率随震级的变化趋势和构造型水库诱发地震、天然地震存在反向变化的特点，该特点也可作为区分构造型水库诱发地震和岩溶型水库诱发地震重要的依据。具体为：岩溶型水库诱发地震拐角频率随震级的增强而增大，构造型水库诱发地震和天然地震拐角频率则随地震震级的增强

而减小。

（3）由于天然地震受监测时长的限制，地震样本较少，在地震参数与不同震级档对应关系分析时，出现缺档的现象或个别奇异点对最终的统计结果影响较大，因此，天然地震的趋势性变化图，数据点波动较大，导致天然地震震源参数与不同震级档的关系不能较好地得到拟合；岩溶型水库诱发地震在统计分析时，由于地震震级范围较小1.5级≤ML≤3.0级，且ML≥2.5级档地震只有1～2次地震，因此也不能拟合得到较为符合的关系式；在这三种类型的地震中，只有构造型水库诱发地震的样本个数每个台站都在500个以上，地震震级的范围1.0级≤ML≤4.9级，不同的震源参数与不同地震震级档的关系趋势性变化特征一目了然，通过对每个台站相应的地震源参数累计后再行平均，采用最小二乘法得到的具体结果如图6.11所示。

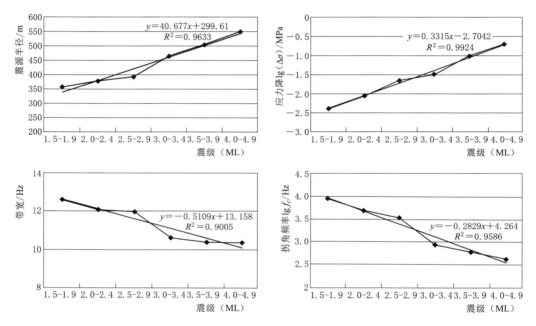

图6.11　构造型水库地震震源半径、应力降、带宽、拐角频率与震级的关系

震源半径与不同震级档关系式：$R_0 = 40.677\text{ML} + 299.61$，$R^2 = 0.9633$

应力降与不同震级档关系式：$\lg(\Delta\sigma) = 0.3315\text{ML} - 2.7042$，$R^2 = 0.9924$

拐角频率与不同震级档关系式：$f_0 = -0.2829\text{ML} + 4.264$，$R^2 = 0.9586$

带宽与不同震级档关系式：$D = -0.5109\text{ML} + 13.158$，$R^2 = 0.9005$

（4）根据对不同类型地震震源参数之间的定标关系分析，可以得出天然地震、构造型水库诱发地震和岩溶型水库诱发地震在地震矩和拐角频率、地震矩与地震震级以及应力降与地震矩的定标关系趋势性变化一致，即地震矩随拐角频率的增大而减小，地震矩与地震震级和应力降与地震矩呈正相关的关系，具体详见表6.2。从定标关系式来看，岩溶型水库诱发地震的斜率要小于构造型水库诱发地震的斜率。

表 6.2 溪洛渡水电站水库蓄水后前震源参数定标关系一览表

	蓄 水 后		蓄 水 前	
	定标关系式	相关系数	定标关系式	相关系数
库首区	$\lg M_0 = -1.7464\lg f_0 + 12.365$	0.28	$\lg M_0 = -2.7211\lg f_0 + 12.802$	0.22
	$\lg M_0 = 0.7766ML + 10.219$	0.25	$\lg M_0 = 0.7345ML + 9.897$	0.72
	$\lg \Delta\sigma = 0.5206\lg M_0 - 8.7729$	0.31	$\lg \Delta\sigma = 0.7541\lg M_0 - 10.786$	0.73
第二段	$\lg M_0 = -1.732\lg f_0 + 12.583$	0.18	$\lg M_0 = -2.4649\lg f_0 + 12.723$	0.21
	$\lg M_0 = 0.8336ML + 9.9572$	0.62	$\lg M_0 = 0.7352ML + 9.9737$	0.70
	$\lg \Delta\sigma = 0.6814\lg M_0 - 10.359$	0.51	$\lg \Delta\sigma = 0.7423\lg M_0 - 10.55$	0.69

第 7 章

P 波初动特征

7.1 岩溶型水库地震 P 波初动特征（溪洛渡坝址区）

溪洛渡库首区部分地震 P 波初动方向统计结果见表 7.1，地震震中分布如图 7.1 所示。从统计的结果来看，115 次地震有 96 次地震多数台站的 P 波初动向下，占比 83%，P 波初动向上的地震分布在油房沟的对岸，而不在岩溶较为发育的豆沙溪沟一带。

表 7.1   **岩溶型水库地震 P 波初动方向统计**

序号	发震时刻					震级	经度	纬度	震源深度	BSAT	BSET	TDT	WJAT	WST	YSET
1	2012	11	23	15	13	25.04	1.6	103.62	28.26	1.7			—	—		—
2	2012	12	15	5	23	11.42	1.6	103.64	28.26	1.7		—	—	—	—	—
3	2013	3	6	2	19	50.1	1.6	103.62	28.26	1.9			—	—		—
4	2013	5	15	3	49	10.88	1.8	103.64	28.27	1.9		—		—	—	—
5	2013	5	15	7	17	33.56	1.7	103.63	28.27	1.1		—	+	—		
6	2013	5	17	1	51	10.8	1.5	103.63	28.27	1.3			+			
7	2013	5	17	14	47	1.52	1.8	103.61	28.24	3.6	—	+	—	+	+	—
8	2013	5	23	30	1.82		1.5	103.62	28.25	1.4						
9	2013	5	25	32	55.21		1.7	103.64	28.27	2.0						
10	2013	5	27	22	35	33.08	1.6	103.65	28.26	3.0						
11	2013	5	28	11	10	17.16	1.3	103.62	28.25	0.5			—			
12	2013	5	29	9	26	4	1.7	103.63	28.27	1.5						
13	2013	6	1	15	11	26.78	2.0	103.63	28.27	0.6	—		—	+	—	
14	2013	6	2	20	30.19		1.8	103.63	28.27	0.6	—		—	+	—	
15	2013	6	4	7	28	18.89	1.5	103.59	28.25	0.9						
16	2013	6	9	2	12	21.3	2.0	103.62	28.26	1.7		—	—	—		
17	2013	6	10	19	1	46.7	1.9	103.61	28.25	2.5	—	+		+	+	—

续表

序号	发震时刻						震级	经度	纬度	震源深度	BSAT	BSET	TDT	WJAT	WST	YSET
18	2013	6	15	3	47	20.58	1.7	103.61	28.25	1.5	−		−	+		−
19	2013	6	19	14	4	59.29	1.6	103.62	28.25	1.8		−				
20	2013	6	21	19	27	12.8	2.2	103.64	28.27	1.7	−	−		−	−	−
21	2013	6	21	22	48	31.36	2.0	103.62	28.26	1.5				−	−	
22	2013	6	22	7	24	42.51	1.8	103.61	28.25	2.3		+			+	
23	2013	6	22	7	33	21.81	1.6	103.62	28.25	2.2	−				−	
24	2013	6	23	18	20	4.08	1.6	103.62	28.25	1.9	−			−	+	
25	2013	6	23	18	53	42.76	1.9	103.62	28.25	1.8						
26	2013	7	3	12	47	56.6	1.9	103.62	28.25	1.9	−				+	−
27	2013	7	6	4	4	10.83	1.8	103.61	28.25	1.6				−		
28	2013	7	7	10	6	50.21	1.9	103.67	28.25	2.2					+	
29	2013	7	7	13	12	28.22	1.9	103.66	28.25	2.7	−				−	
30	2013	7	7	13	17	27.44	1.8	103.66	28.25	1.8				−		
31	2013	7	7	14	22	25.13	1.9	103.66	28.25	2.9					−	+
32	2013	7	7	14	33	16.13	1.5	103.66	28.25	2.6	−		+		+	−
33	2013	7	7	14	37	42.94	1.5	103.66	28.25	2.1						+
34	2013	7	7	15	44	27.61	2.5	103.66	28.25	3.9						+
35	2013	7	7	16	8	16.85	1.5	103.66	28.25	2.5	−			−		
36	2013	7	8	4	6	19.26	1.7	103.66	28.25	2.6				+		−
37	2013	7	12	14	58	21.82	1.7	103.59	28.25	1.8					−	−
38	2013	7	21	17	40	49.68	2.1	103.63	28.28	0.5	−			−	−	
39	2013	8	27	16	34	10.06	1.6	103.60	28.25	1.2	−			+		
40	2013	8	28	2	27	17.53	1.9	103.62	28.26	2.9				+		
41	2013	9	2	20	12	37.66	2.6	103.68	28.26	3.7	−	−	−			
42	2013	9	10	15	34	30.67	1.5	103.66	28.25	1.5		−	−		+	
43	2013	9	10	16	38	3.84	1.7	103.66	28.25	1.7				+	+	
44	2013	9	15	17	10	17.42	1.6	103.67	28.25	2.5	−				+	
45	2013	11	10	1	14	42.58	2.0	103.62	28.27	2.5	−			−	−	
46	2013	11	13	5	32	14.22	1.6	103.63	28.27	2.5						
47	2014	1	10	16	54	35.39	1.4	103.63	28.28	1.8	+			−		−

序号	发 震 时 刻					震级	经度	纬度	震源深度	BSAT	BSET	TDT	WJAT	WST	YSET
48	2014	1	24	13	26	29.42	1.7	103.66	28.25	1.6	−		−	−		+
49	2014	1	24	17	27	4.72	1.9	103.66	28.25	2.9	−		−	+	−	−
50	2014	1	25	19	9	9.9	1.5	103.63	28.28	0.8					−	−
51	2014	2	21	23	9	9.64	1.8	103.63	28.28	1.3	−	−	−	−	−	−
52	2014	3	8	12	15	9.12	1.6	103.61	28.25	0.6	−		−	+		
53	2014	3	8	15	49	34.49	1.9	103.60	28.25	1.6	−		−	+		
54	2014	3	14	18	1	1.14	2.0	103.62	28.25	1.8	−	−	−	−	−	−
55	2014	3	14	19	34	27.52	1.6	103.62	28.26	1.3			−	+		
56	2014	5	16	12	52	43.48	1.5	103.59	28.24	1.1	+			+	+	+
57	2014	5	25	14	51	7.44	1.4	103.58	28.25	2.5				+	+	+
58	2014	6	7	13	46	52.21	1.5	103.58	28.25	1.7			+	+	+	
59	2014	6	15	13	15	14.82	1.6	103.59	28.25	1.1	+		+	+	+	+
60	2014	6	28	11	49	34.8	1.5	103.59	28.24	1.5	+			+	+	+
61	2014	6	30	17	8	35.4	1.5	103.62	28.26	0.6	+		−	+	−	−
62	2014	7	6	2	32	36.96	2.2	103.66	28.26	2.8	−	−	−	−		+
63	2014	7	8	18	57	55.32	1.6	103.67	28.25	1.8	−	−	−	−	+	−
64	2014	7	10	22	59	36.08	2.2	103.66	28.26	2.7	−	−	−	−	+	+
65	2014	7	11	18	42	45.32	1.6	103.67	28.24	2.3	−	−	−		+	−
66	2014	7	11	19	31	25.2	1.7	103.67	28.25	1.7	−	−	−	−	−	−
67	2014	7	14	1	46	32.1	1.7	103.67	28.24	2.4	−	−	−	−	−	−
68	2014	7	17	19	57	5.56	2.0	103.58	28.24	1.2	+		−	−	−	−
69	2014	7	18	18	33	37.24	1.9	103.67	28.24	2.0	−		−	−	−	−
70	2014	7	19	12	51	17.71	1.5	103.67	28.24	1.9	−	−	−	−	−	−
71	2014	8	5	8	49	33.16	2.0	103.63	28.27	1.5			+	−	−	−
72	2014	8	7	2	46	24.52	1.5	103.63	28.28	0.3				−	−	−
73	2014	8	11	0	32	31.52	2.2	103.62	28.25	1.4	−	−	−	−	−	−
74	2014	8	14	2	19	47.56	1.8	103.63	28.28	1.7					−	
75	2014	8	15	19	47	26.44	2.3	103.66	28.25	2.2	−	−	−	−	−	−
76	2014	8	15	21	44	50.26	1.8	103.66	28.25	2.5	−	−	−			+
77	2014	8	15	23	47	34.72	1.8	103.67	28.25	3.1					+	+

续表

序号	发 震 时 刻						震级	经度	纬度	震源深度	BSAT	BSET	TDT	WJAT	WST	YSET
78	2014	9	27	5	24	11.7	1.7	103.59	28.25	0.1		—		—	—	—
79	2014	9	30	11	45	57.89	1.8	103.59	28.25	1.1			—	—	+	—
80	2014	10	11	14	34	17.3	1.6	103.62	28.25	2.0	—	—	—	—	—	—
81	2014	10	12	6	20	31.3	1.9	103.63	28.28	2.5	—	—		—	—	—
82	2014	10	12	9	47	56.93	1.7	103.63	28.28	1.5	—			—	—	—
83	2014	10	13	5	6	47.51	2.0	103.63	28.28	1.8	—			—	—	—
84	2014	10	13	19	23	0.52	2.7	103.63	28.29	3.4				—	+	
85	2014	10	29	4	58	5.75	1.6	103.58	28.24	1.3					+	
86	2014	11	3	20	4	59.42	1.5	103.66	28.26	1.4		—				
87	2014	11	4	22	30	10.9	2.4	103.63	28.28	1.2						
88	2014	11	22	11	12	49.69	1.5	103.59	28.24	1.2					+	
89	2014	11	28	22	17	46.32	2.3	103.67	28.24	3.2	—				+	
90	2014	11	29	1	35	44.62	1.2	103.67	28.25	2.5					+	
91	2014	11	29	2	22	37.07	1.4	103.67	28.25	2.3						
92	2014	11	29	9	53	16.32	1.3	103.67	28.25	2.4	—				+	
93	2014	11	30	6	18	23.92	1.5	103.67	28.25	2.3						
94	2014	11	30	22	1	10.68	1.6	103.68	28.24	2.7	—			—	+	
95	2014	11	30	22	12	55.44	1.4	103.67	28.24	2.2	—			—	—	
96	2014	12	6	23	49	31.32	2.8	103.68	28.24	3.4	—			—	+	
97	2014	12	14	5	4	38.51	1.2	103.67	28.24	2.6				—	+	
98	2014	12	21	13	4	46.06	1.5	103.59	28.24	0.6	+	+		+	+	+
99	2014	12	24	13	59	26.85	1.6	103.59	28.24	1.8	+		+	+	+	+
100	2015	1	9	17	7	11.04	1.2	103.59	28.24	0.7	+	+		+	+	+
101	2015	1	22	15	50	51.28	1.5	103.59	28.24	0.6	+	+		+	+	+
102	2015	2	2	17	7	52.16	1.6	103.59	28.24	1.8	+			+	+	+
103	2015	2	26	20	2	37.96	1.7	103.63	28.27	1.8						
104	2015	3	1	7	33	7.38	1.8	103.63	28.28	0.5	—			—	—	—
105	2015	3	16	13	42	3.33	1.5	103.58	28.25	2.2	+	+	+	+	+	+
106	2015	4	2	15	23	0.53	1.4	103.59	28.24	1.2	+	+	+	+	+	+
107	2015	4	13	17	39	41.88	1.3	103.58	28.25	2.0	+	+	+	+	+	+

序号	发 震 时 刻					震级	经度	纬度	震源深度	BSAT	BSET	TDT	WJAT	WST	YSET
108	2015	8	26	8	6	26.55	1.3	103.62	28.24	0.9			−	−	−	−
109	2015	9	3	12	31	33.39	2.1	103.67	28.24	2.0	−	−	−		−	−
110	2015	9	3	20	52	38.78	1.7	103.67	28.24	1.7	−	−	−		+	−
111	2015	9	4	18	9	1.56	1.5	103.67	28.25	2.4	−		−		+	−
112	2015	9	8	7	11	46.54	1.7	103.67	28.25	3.0		−	−		−	−
113	2016	7	3	0	34	41.84	1.7	103.62	28.25	1.6	−		−		−	−
114	2016	9	25	5	58	1.4	1.9	103.66	28.25	1.8		−				+
115	2016	10	25	19	51	9.24	1.7	103.60	28.25	1.0	−		−		+	−

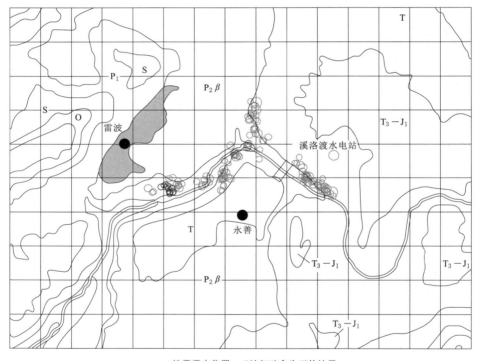

○地震震中位置　◦P波初动全为正的地震

图 7.1　溪洛渡库首区 P 波初动统计地震震中分布（字母代表地层年代）

7.2　构造型水库地震 P 波初动特征（白胜—务基区段）

代表性的构造型水库地震 P 波初动统计结果见表 7.2。

从对构造型水库地震 P 波初动统计的结果来看，每一次地震，周边台站 P 波初动方向均呈现四象限分布的特点。

表 7.2　务基区台站地震记录 P 波初动统计

序号	年	月	日	时	分	秒	震级	BSE EW	BSE SN	BSE UP	WJAT EW	WJAT SN	WJAT UP	WJI EW	WJI SN	WJI UP	TDT EW	TDT SN	TDT UP	HHT EW	HHT SN	HHT UP	WST EW	WST SN	WST UP	YSE EW	YSE SN	YSE UP	YBS EW	YBS SN	YBS UP	XJIT EW	XJIT SN	XJIT UP	BSAT EW	BSAT SN	BSAT UP
1	2014	4	8	1	7	45.8	2.6	+	−		−	+	+		+	+	+	+	+	+	+	+	+	+	+	−	+	+		−	+	−	−	+	+	+	+
2	2014	4	8	1	58	49.4	1.7	+	−		−	+	+			+	+	+	+	+	+	+	−	+	+	−	+	+		−		−	−	+	+	+	+
3	2014	4	8	2	4	19.0	2.1	−	+			+	+	+	+	+	+	+	+	+	+	+	+	−	+	−	−	+	+	+	+	−	−	−	+	+	+
4	2014	4	8	8	47	54.0	2.6	−	+			+	+	+	+	+	+	+	+	+	+	+	+	−	+	+	−	+	+	+	+	+	+	−	+	+	+
5	2014	4	9	23	12	45.1	3.9		+			+	+			+	+	+	+	+	+	+	+	−	+		+	+	+	+	+	−	−	+	+	+	+
6	2014	4	10	0	42	3.8	2.1	−	+			+	+			+	+	+	+	+	+	+	+	−	+	−	−	−		−	+	+	+	−	+	+	+
7	2014	4	10	12	27	53.5	3.0	+	+			+	+	+	+	+	+	+	+	+	−	+	+	−	+	+	−	+	−	−	+	+	+	+	+	+	+
8	2014	4	10	15	51	33.9	2.9	−	+			+	+	+	+	+	+	+	+	+	−	−	−	+	−		+	+	−	−	+	−	−	+	+	+	+
9	2014	4	11	9	0	2.6	1.8	+	+		−		+	+			+	+	+	+	+	+	+	+	+	+	+	+	+	+	+	+	−		+	+	+
10	2014	4	7	8	43	30.3	2.9	−	+		−	+	+				+	+	+	−	−	−	−	+	−	+	+	+	−	−	−	−	−		+	+	+

第 8 章	不同类型水库地震特征总结

8.1 b 值

溪洛渡水电站第一段库段和第二库段震级与频度关系如图 8.1 和图 8.2 所示。

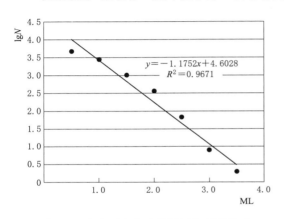

图 8.1 岩溶型水库地震震级与频度关系　　图 8.2 构造型水库地震震级与频度关系

岩溶型水库地震：b 值 1.18、相关系数 0.97；

构造型水库地震：b 值 0.81、相关系数 0.99。

8.2 震 源 深 度

1. 岩溶型水库地震震源深度

岩溶型水库地震震源深度分布特征如图 8.3 所示。

岩溶型水库地震震源深震小于 4km 的占比达到 95％以上，集中分布在 1.0～3.9km 之间，占比约 94％。震源深度小于 5km，ML≥1.0 级的震源深度占比 98.2％，ML≥2.0 级占比 100％。

2. 构造型水库地震震源深度

构造型水库地震震源深度分布特征如图 8.4 所示。

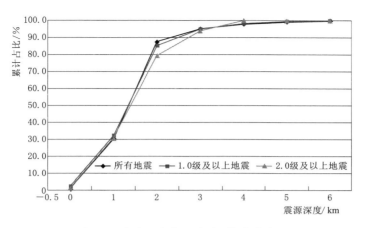

图 8.3　岩溶型水库地震震源深度分布图

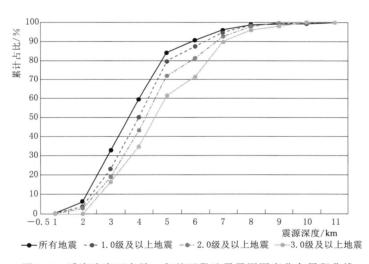

图 8.4　溪洛渡库区白胜—务基区段地震震源深度分布累积曲线

构造型水库地震震源深度小于 10km 的占比达到 99.6%，集中分布在 2~6km 的范围，占比为 89.6%。

8.3　不同类型地震时频分布特征

1. 天然地震

主频、中心频率、带宽平均值及分布范围如下。

EW：2.6Hz（1~4Hz）、4.4Hz（2~7Hz）、12.0Hz（4~23Hz）；

SN：2.8Hz（1~4Hz）、4.2Hz（2~7Hz）、10.7Hz（4~23Hz）；

UP：4.5Hz（1~7Hz）、6.8Hz（3~8Hz）、19.1Hz（7~27Hz）。

水平向地震波（包括 EW、SN）：中心频率绝大部分在 2~7Hz 之间，占比达到 94%

以上；主频在 1～4Hz 之间，占比达到 91.8％ 以上，其中主频在 1～1.9Hz 的又占到 40％ 以上；带宽在 4～23Hz 之间，但以 7～11Hz 为主。

垂直向（UP）：中心频率在 3～8Hz 之间，各频段的占比相差不大；主频在 1～7Hz 之间，集中分布在 1～2Hz，占比接近 50％；带宽在 7～27Hz 之间，集中分布的现象不明显。

2. 构造型水库地震

主频、中心频率、带宽平均值及分布范围如下。

EW：2.18Hz（0～4Hz）、3.46Hz（1～4Hz）、9.18Hz（2～14Hz）；

SN：2.30Hz（0～4Hz）、3.62Hz（1～4Hz）、9.43Hz（2～14Hz）；

UP：5.04Hz（1～6Hz）、6.06Hz（1～13Hz）、14.67Hz（5～27Hz）。

水平向地震波（包括 EW、SN）：中心频率绝大部分在 1～4Hz 之间，占比达到 90％ 以上，以 1～1.9Hz 之间占比最大，达到 30％ 以上；主频在 0～4Hz 之间，占比达到 97.2％ 以上，其中主频在 1～1.9Hz 的又占到 48.3％ 以上；带宽在 2～14Hz 之间，但以 4～8Hz 为主。

垂直向（UP）：中心频率在 1～13Hz 之间，最大占比未超过 15％，但在 2～6Hz 占比较大，达到 63.8％ 以上；主频在 1～6Hz 之间，但在该范围之外的 13Hz、14Hz 也有少量的占比，在 9％ 左右；带宽在 5～27Hz 之间，集中分布的现象不明显，但以 10～14Hz 占比相对较大。

3. 岩溶型水库地震

主频、中心频率、带宽平均值及分布范围如下。

EW：1.89Hz（0～4Hz）、2.59Hz（1～4Hz）、6.27Hz（2～9Hz）；

SN：1.86Hz（0～4Hz）、2.62Hz（1～4Hz）、6.64Hz（2～9Hz）；

UP：3.3Hz（0～5Hz）、3.90Hz（1～6Hz）、11.68Hz（4～14Hz）。

水平向地震波（包括 EW、SN）：中心频率绝大部分在 1～4Hz 之间，占比达到 96.5％ 以上，以 2～3.9Hz 之间占比最大，达到 74.9％ 以上；主频在 0～4Hz 之间，占比达到 96.9％ 以上，其中主频在 1～1.9Hz 的又占到 55％ 以上；带宽在 2～9Hz 之间，但以 3～5Hz 为主。

垂直向（UP）：中心频率在 1～6Hz 之间，占比达到 91.7％，但在 2～4Hz 之间占比较大，达到 72.8％ 以上；主频在 0～5Hz 之间，但在该范围之外的 13Hz、14Hz 也有少量的占比，在 3.9％ 左右；带宽在 4～14Hz 之间，集中分布在 7～11Hz。

8.4　不同类型地震震源参数分布特征

（1）不同类型地震震源参数统计特征。

1）天然地震。震源半径：219m（210～240m）；应力降：0.009MPa（0.003～0.01MPa）；拐角频率：6Hz（5～7Hz）；带宽：18Hz（17～19Hz）。

2）构造型水库诱发地震。震源半径：390m（310～450m）；应力降：0.009MPa

（0.003～0.021MPa）；拐角频率：3.7Hz（3.1～4.3Hz）；频带：12Hz（11～14Hz）。

3）岩溶型水库诱发地震。震源半径：450m（420～490m）；应力降：0.0022MPa（0.0015～0.0031MPa）；拐角频率：3.2Hz（2.9～3.3Hz）；频带：11.8Hz（10～12.5Hz）。

（2）不同类型地震拐角频率与震级大小的关系。震源参数与地震震级大小的趋势性变化中，岩溶型水库诱发地震拐角频率随震级的变化趋势和构造型水库诱发地震、天然地震存在反向变化的特点，该特点也可作为区分构造型水库诱发地震和岩溶型水库诱发地震重要的依据。具体为：岩溶型水库诱发地震拐角频率随震级的增强而增大，构造型水库诱发地震和天然地震拐角频率则随地震震级的增强而减小。

（3）不同类型地震震源参数之间定标关系见表8.1。

表 8.1　　　　　　　　　溪洛渡水电站水库蓄水后前震源参数定标关系

	蓄 水 后		蓄 水 前	
	定标关系式	相关系数	定标关系式	相关系数
岩溶型	$\lg M_0 = -1.7464 \lg f_0 + 12.365$	0.28	$\lg M_0 = -2.7211 \lg f_0 + 12.802$	0.22
	$\lg M_0 = 0.7766 \mathrm{ML} + 10.219$	0.25	$\lg M_0 = 0.7345 \mathrm{ML} + 9.897$	0.72
	$\lg \Delta\sigma = 0.5206 \lg M_0 - 8.7729$	0.31	$\lg \Delta\sigma = 0.7541 \lg M_0 - 10.786$	0.73
构造型	$\lg M_0 = -1.732 \lg f_0 + 12.583$	0.18	$\lg M_0 = -2.4649 \lg f_0 + 12.723$	0.21
	$\lg M_0 = 0.8336 \mathrm{ML} + 9.9572$	0.62	$\lg M_0 = 0.7352 \mathrm{ML} + 9.9737$	0.70
	$\lg \Delta\sigma = 0.6814 \lg M_0 - 10.359$	0.51	$\lg \Delta\sigma = 0.7423 \lg M_0 - 10.55$	0.69

（4）不同类型地震在相同震级、震源深度、震中距离 S 波最大值与 P 波最大值特征见表8.2。

表 8.2　　　　　　　　天然地震、务基区地震和坝址区地震 P 波、S 波最大值统计

	地 震 波 方 向					
地震类别	EW		SN		UP	
	$P_{\max}/(\mu\mathrm{m/s})$	$S_{\max}/(\mu\mathrm{m/s})$	$P_{\max}/(\mu\mathrm{m/s})$	$S_{\max}/(\mu\mathrm{m/s})$	$P_{\max}/(\mu\mathrm{m/s})$	$S_{\max}/(\mu\mathrm{m/s})$
天然地震	16.80	36.40	33.13	30.14	23.94	29.29
务基区地震	70.80	220.10	71.35	242.77	118.80	135.01
坝址区地震	6.39	40.38	10.36	35.99	10.23	35.96
地震类别	EW		SN		UP	
	$S_{\max}/P_{\max}$		$S_{\max}/P_{\max}$		$S_{\max}/P_{\max}$	
天然地震	2.17		0.91		1.22	
务基区地震	3.11		3.40		1.14	
坝址区地震	6.32		3.47		3.52	

注　震级大小 2.0 级≤ML≤2.4 级；震源深度 2km≤H≤4km；震中距 5km≤D≤9km。

1）在类似的地震环境条件下，从绝对幅值上看，发生在务基区的地震在三个分量上，均大于天然地震和库首区地震的幅值。具体见表8.3。

表 8.3　　　　　　务基区地震波 P 波、S 波最大值与天然地震、坝址区地震之比

地震类别	EW		SN		UP	
	P 波	S 波	P 波	S 波	P 波	S 波
坝址区地震	11.1	5.5	6.9	6.7	11.6	3.8
天然地震	4.2	6.0	2.2	8.1	5.0	4.6

从表中可知，坝址区同等强度的地震，地震波三个分量 P 波、S 波最值均为最小，比值最大达到接近 12 倍。

2）在同一地震波的 S 波与 P 波的比值来看，坝址区地震最大，务基区次之，天然地震最小。比值越小，说明 P 波的峰值与 S 波的峰值越接近。

3）天然地震和构造型地震，垂直向地震波的 S 波最大值与 P 波最大值之比接近于 1，而坝区地震的 S 波最大值与 P 波最大值之比达到 3.5，表现出明显的不同，此特点可作为判别岩溶型地震与构造型地震重要指标之一。

8.5　P 波 初 动 方 向

从对不同类型 P 波初动方向的统计可以得知，岩溶型水库地震 P 波 83% 以上 P 波初动是向下的；构造型水库地震 P 波初动在四象限分布。

8.6　不同类型水库地震判识量化指标

溪洛渡水电站是我国全过程记录水库蓄水前后库区震情变化最具有代表性的水库之一。在水库正式蓄水前的 2008 年，库区水库地震台网已开始正式运行，至 2017 年，取得了库区蓄水前后地震 9 年的实测数据，这为水库诱发地震类型的判识奠定了坚实的基础。通过水库蓄水前后地震活动特点的分析，总结了天然地震、构造型水库地震和岩溶型水库地震在地震参数本身、地震发生背景等物理方面的不同特点。同时，依据不同类型水库地震波数据，进一步分析了不同类型水库地震在时频、震源参数方面的特点。溪洛渡水库地震识别的量化指标见表 8.4。

表 8.4　　　　　　　　**溪洛渡水库地震识别量化指标**

序号	地震参数类别	项目	水库地震类别		
			岩溶型水库地震	构造型水库地震	天然地震
1	物理参数	b 值	1.2	0.81	—
2		震源深度	小于 4km 的占比达到 95% 以上	2～6km 的范围，占比为 89.6%，小于 4km 占比只有 32%	小于 10km
3		震级大小	$M \leqslant 3.0$	$M \leqslant 6.0$	—

续表

序号	地震参数类别	项目	水库地震类别		
			岩溶型水库地震	构造型水库地震	天然地震
4	地震波	P波初动方向	P波向下（/83%）	四象限分布	四象限分布
5		S波最大值/P波最大值	3.52	1.14	1.22
6	地震波时频参数	主频	EW：1.89Hz（0～4） SN：1.86Hz（0～4） UP：3.3Hz（0～5）	EW：2.18Hz（0～4） SN：2.30Hz（0～4） UP：5.04Hz（1～6）	EW：2.6Hz（1～4） SN：2.8Hz（1～4） UP：4.5Hz（1～7）
7		中心频率	EW：2.59Hz（1～4） SN：2.62Hz（1～4） UP：3.90Hz（1～6）	EW：3.46Hz（1～4） SN：3.62Hz（1～4） UP：6.06Hz（1～13）	EW：4.4Hz（2～7） SN：4.2Hz（2～7） UP：6.8Hz（3～8）
8		频带范围	EW：6.27Hz（2～9） SN：6.64Hz（2～9） UP：11.68Hz（4～14）	EW：9.18Hz（2～14） SN：9.43Hz（2～14） UP：14.67Hz（5～27）	EW：12.0Hz（4～23） SN：10.7Hz（4～23） UP：19.1Hz（7～27）
9	地震波震源参数	拐角频率	3.2Hz（2.9～3.3）	3.7Hz（3.1～4.3）	6Hz（5～7）
10		震源半径	450m（420～490）	390m（310～450）	219m（210～240）
11		应力降	0.0022MPa（0.0015～0.0031）	0.009MPa（0.003～0.021）	0.009MPa（0.003～0.01）
12		地震矩与拐角频率	$\lg M_0 = -1.7464\lg f_0 + 12.365$	$\lg M_0 = -1.732\lg f_0 + 12.583$	$\lg M_0 = -2.4649\lg f_0 + 12.723$
13		地震矩与震级	$\lg M_0 = 0.7766ML + 10.219$	$\lg M_0 = 0.8336ML + 9.9572$	$\lg M_0 = 0.7352ML + 9.9737$
14		应力降与拐角频率	$\lg \Delta\sigma = 0.5206\lg M_0 - 8.7729$	$\lg \Delta\sigma = 0.6814\lg M_0 - 10.359$	$\lg \Delta\sigma = 0.7423\lg M_0 - 10.55$

第二部分
向家坝水库地震判识方法研究

第 9 章

向家坝水库蓄水后总体震情

　　向家坝水电站自 2012 年 10 月 10 日下闸蓄水，至 2017 年 6 月 30 日，库区及周边共记录到地震事件 28701 次，其中：1.0 级以下地震 20049 次，1.0～1.9 级地震 7372 次，2.0～2.9 级地震 1123 次，3.0～3.9 级地震 142 次，4.0～4.9 级地震 12 次，5.0～5.9 级地震 3 次，最大地震是 2014 年 4 月 5 日发生在永善的 ML5.6 级地震（Ms5.3）。去除溪洛渡库首区和珙县两处地震活动对向家坝库区的影响，向家坝水库蓄水后，库区地震时序与库水位的关系如图 9.1 所示。从图上可以看出，自水库开始蓄水，库区地震活动明显增强。具体表现在地震空间分布规律、水库蓄水前后地震频次、水库蓄水前后地震的强度（平均释放能量）、震源深度以及 b 值的变化等。

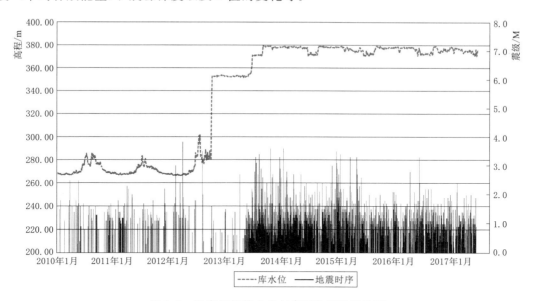

图 9.1　向家坝坝前水位与库区地震时序关系

9.1　水库蓄水前后地震空间分布

　　图 9.3 为向家坝水电站库区及邻近地区不同时间段内地震震中的分布情况。从图上可以看出，在某些区域是地震的高发区，例如图中的马边、盐津和珙县三个区域，自 20 世

纪 70 年代有仪测地震以来,地震始终保持着一定的活动度。这三个区域地震的发生,与向家坝水库蓄水没有相关关系,只是沿袭了历史地震活动的规律。但有些区域,在向家坝水库蓄水后,尤其在库水的影响范围(距离水库 10km 以内),表现出明显的不同,如在向家坝水库库尾段,水库蓄水之后,2014—2016 年间,频繁发生有感地震,地震震中的分布呈北西向,宽度约 15km,长约 25km 地震震中密集分布的条带。该区域位于马边—盐津断裂的中间位置,历史上曾有中强地震发生,但自 20 世纪 70 年代以来,不管是中等强度的地震,还是弱震、微震均很少发生。另一个地震震中密集分布的区域,位于溪洛渡水电站的库区范围,与向家坝水库无关,因此,在地震活动分析时不包含该区域的地震。

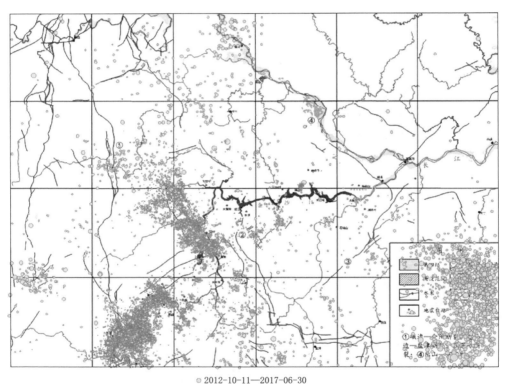

⊙ 2012-10-11—2017-06-30

图 9.2　监测区内地震空间分布 (2012.10—2017.6)

对比图 9.2 和图 9.3,向家坝水库蓄水之后库区震情有如下特点:

(1) 向家坝水库蓄水之后,对地震本底活动的影响不大。原来库区周边地震相对活动的区域仍保持一定的活动性,如马边、盐津和珙县三个蓄水之前地震活动相对活跃的区域。

(2) 向家坝库区新市镇至坝址区,水库蓄水后,地震活动较蓄水之前没有明显的变化,地震活动仍相对平静,尤其是在库水影响的范围内,没有明显的震情变化。

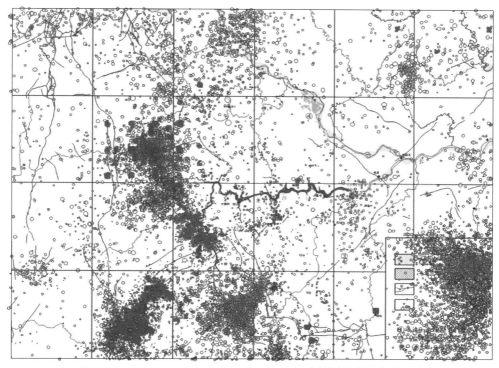

○ 2012-10-11—2017-06-30   ○ 2008-08—2012-10-10   ◎ 台网运行之前地震震中分布

图 9.3　地震震中空间分布对比

北纬 28.209°～29.009°、东经 103.309°～104.309°

（3）在向家坝的库尾段，水库蓄水后出现了两个明显的地震密集发生地段。一个呈北西向展布，部分区域与马边地震活动密集区重叠；另一个为溪洛渡的库首区，该区地震的发生与溪洛渡水电站水库蓄水相关，和向家坝水库蓄水关系不大。

从图 9.3 向家坝水库蓄水以来，库区及邻近地震震中的空间分布来看，地震主要发生在珙县、溪洛渡水电站库首区以及向家坝库尾团结至土地凹一带。从图 9.3 中可见，珙县一带自 1970 年以来就是弱震经常发生的地方。向家坝水库地震专用台网投入运行后至水库蓄水的 4 年间，该区域仍频繁发生弱震，因此，水库蓄水后发生在该区域的地震是继承了前期地震活动的总体情势，是天然地震本底的反映，与向家坝水库蓄水不存在相关性。溪洛渡水电站库首区的地震是在溪洛渡水库蓄水之后发生的，与向家坝水库蓄水没有关系。只有向家坝库尾团结至土地凹一带，表现出不同以往的震情。1970 年至 2008 年 8 月，该区段的地震主要发生在西宁河西北侧，东南侧则很少有地震发生。库区库水影响范围内，坝址至新市镇段，水库蓄水之后的近 5 年间，地震较为平静，没有发生特殊的震情。

9.2 地 震 频 次

向家坝库区地震统计的范围：北纬 28°20″~29°00″、东经 103°30″~104°30″。自金沙江下游水库地震台网 2008 年 8 月正式运行以来，地震的月频次统计见表 9.1，与库水位的对应关系如图 9.4 所示。

表 9.1　　　　　　　　　　向家坝水库蓄水前后库区地震月频次统计

水库蓄水之前				水库蓄水之后			
时　　间	次数	平均	最大	时　　间	次数	平均	最大
2008 - 08 - 01 0：00	0			2012 - 10 - 01 0：00	21		
2008 - 09 - 01 0：00	9			2012 - 11 - 01 0：00	67		
2008 - 10 - 01 0：00	15			2012 - 12 - 01 0：00	15		
2008 - 11 - 01 0：00	10			2013 - 01 - 01 0：00	25		
2008 - 12 - 01 0：00	12			2013 - 02 - 01 0：00	12		
2009 - 01 - 01 0：00	17			2013 - 03 - 01 0：00	26		
2009 - 02 - 01 0：00	11			2013 - 04 - 01 0：00	20		
2009 - 03 - 01 0：00	26			2013 - 05 - 01 0：00	35		
2009 - 04 - 01 0：00	23			2013 - 06 - 01 0：00	65		
2009 - 05 - 01 0：00	32			2013 - 07 - 01 0：00	231		
2009 - 06 - 01 0：00	20			2013 - 08 - 01 0：00	313		
2009 - 07 - 01 0：00	13			2013 - 09 - 01 0：00	293		
2009 - 08 - 01 0：00	19			2013 - 10 - 01 0：00	117		
2009 - 09 - 01 0：00	15	11.7	32	2013 - 11 - 01 0：00	238		
2009 - 10 - 01 0：00	13			2013 - 12 - 01 0：00	488	95.9	488
2009 - 11 - 01 0：00	8			2014 - 01 - 01 0：00	339		
2009 - 12 - 01 0：00	16			2014 - 02 - 01 0：00	177		
2010 - 01 - 01 0：00	4			2014 - 03 - 01 0：00	408		
2010 - 02 - 01 0：00	13			2014 - 04 - 01 0：00	272		
2010 - 03 - 01 0：00	9			2014 - 05 - 01 0：00	149		
2010 - 04 - 01 0：00	7			2014 - 06 - 01 0：00	109		
2010 - 05 - 01 0：00	11			2014 - 07 - 01 0：00	84		
2010 - 06 - 01 0：00	9			2014 - 08 - 01 0：00	58		
2010 - 07 - 01 0：00	10			2014 - 09 - 01 0：00	47		
2010 - 08 - 01 0：00	12			2014 - 10 - 01 0：00	47		
2010 - 09 - 01 0：00	9			2014 - 11 - 01 0：00	49		
2010 - 10 - 01 0：00	9			2014 - 12 - 01 0：00	37		
2010 - 11 - 01 0：00	7			2015 - 01 - 01 0：00	344		

续表

水库蓄水之前				水库蓄水之后			
时　间	次数	平均	最大	时　间	次数	平均	最大
2010 – 12 – 01 0：00	15			2015 – 02 – 01 0：00	58		
2011 – 01 – 01 0：00	7			2015 – 03 – 01 0：00	73		
2011 – 02 – 01 0：00	13			2015 – 04 – 01 0：00	94		
2011 – 03 – 01 0：00	14			2015 – 05 – 01 0：00	45		
2011 – 04 – 01 0：00	15			2015 – 06 – 01 0：00	64		
2011 – 05 – 01 0：00	9			2015 – 07 – 01 0：00	45		
2011 – 06 – 01 0：00	8			2015 – 08 – 01 0：00	30		
2011 – 07 – 01 0：00	2			2015 – 09 – 01 0：00	29		
2011 – 08 – 01 0：00	9			2015 – 10 – 01 0：00	32		
2011 – 09 – 01 0：00	7			2015 – 11 – 01 0：00	62		
2011 – 10 – 01 0：00	1	11.7	32	2015 – 12 – 01 0：00	37		
2011 – 11 – 01 0：00	4			2016 – 01 – 01 0：00	79		
2011 – 12 – 01 0：00	5			2016 – 02 – 01 0：00	24		
2012 – 01 – 01 0：00	3			2016 – 03 – 01 0：00	70		
2012 – 02 – 01 0：00	8			2016 – 04 – 01 0：00	54		
2012 – 03 – 01 0：00	17			2016 – 05 – 01 0：00	99		
2012 – 04 – 01 0：00	19			2016 – 06 – 01 0：00	89		
2012 – 05 – 01 0：00	11			2016 – 07 – 01 0：00	56	95.9	488
2012 – 06 – 01 0：00	24			2016 – 08 – 01 0：00	99		
2012 – 07 – 01 0：00	8			2016 – 09 – 01 0：00	56		
2012 – 08 – 01 0：00	12			2016 – 10 – 01 0：00	65		
2012 – 09 – 01 0：00	14			2016 – 11 – 01 0：00	64		
				2016 – 12 – 01 0：00	69		
				2017 – 01 – 01 0：00	59		
				2017 – 02 – 01 0：00	91		
				2017 – 03 – 01 0：00	93		
				2017 – 04 – 01 0：00	62		
				2017 – 05 – 01 0：00	48		
				2017 – 06 – 01 0：00	35		
				2017 – 07 – 01 0：00	24		
				2017 – 08 – 01 0：00	24		
				2017 – 09 – 01 0：00	38		
				2017 – 10 – 01 0：00	23		
				2017 – 11 – 01 0：00	33		
				2017 – 12 – 01 0：00	35		

　　从表9.1中可以看出，水库蓄水之前地震月频次平均为11.7，最大值为32。水库蓄水后月均频次为95.9，最大值为488。分别是蓄水前的8.2倍和15.2倍。

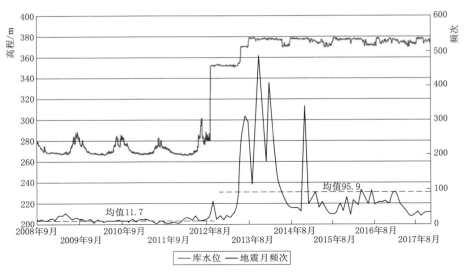

图 9.4　向家坝库区地震月频次与库水位的关系

从图 9.4 上可以看出，向家坝水库库水位达到 370m 之后，库区地震明显增多，2017年之后，库区地震月频次显著降低。

9.3　b　值

向家坝水库蓄水前后 b 值统计见表 9.2，水库蓄水前 b 值拟合关系如图 9.5 所示、蓄水之后的 b 值拟合关系如图 9.6 所示。

表 9.2　　　　　　　　　　向家坝水电站水库蓄水前后 b 值统计

水 库 蓄 水 前				水 库 蓄 水 后			
震级分档	次数	累计次数	$\lg N$	震级分档	次数	累计次数	$\lg N$
≤1.0	230	4248	3.628185	≤1.0	4328	6044	3.781324
1.0~1.9	2250	4018	3.60401	1.0~1.9	1529	1716	3.234517
2.0~2.9	1483	1768	3.247482	2.0~2.9	167	187	2.271842
3.0~3.9	252	285	2.454845	3.0~3.9	20	20	1.30103
4.0~4.9	15	33	1.518514				
5.0~5.9	16	18	1.255273				
6.0~6.9	2	2	0.30103				
b 值：0.62				b 值：0.99			
相关系数：$R=0.97$				相关系数：$R=0.99$			

从向家坝水库区蓄水前后 b 值统计值的对比可以看出，蓄水后 b 值为 0.99（相关系数为 $R=0.99$）比蓄水之前的 b 值 0.62（相关系数为 $R=0.97$）明显偏大，说明蓄水后库区发生的地震以弱震为主，b 值的大小与水库诱发地震统计值基本相符。

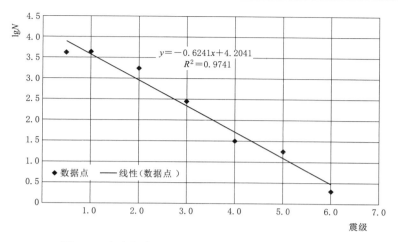

图 9.5　向家坝水电站水库蓄水前库区 b 值拟合曲线

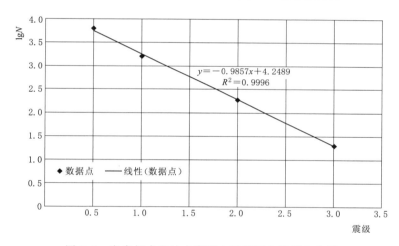

图 9.6　向家坝水电站水库蓄水后库区 b 值拟合曲线

9.4　震　源　深　度

向家坝水库区范围蓄水前，也即天然地震，有震源深度数据的地震样本共计 361 例，水库蓄水期间（2012 年 10 月到 2017 年 10 月）取得的地震样本有 3217 例。不同震源深度及占比统计见表 9.3，占比如图 9.7 和图 9.8 所示。

表 9.3　　　　　　　　　　向家坝水电站水库蓄水前后震源深度统计对比

地震时段	震 源 深 度 /km				
	0.0～4.9	5.0～9.9	10.0～19.9	≥20.0	合计
天然地震	7	317	33	4	361
蓄后地震	1260	1789	164	4	3217

续表

地震时段	不同区间震源深度占比/%				
	0.0～4.9	5.0～9.9	10～19.9	≥20	合计
天然地震	1.94	87.81	9.14	1.11	100.00
蓄后地震	39.17	55.61	5.10	0.12	100.00

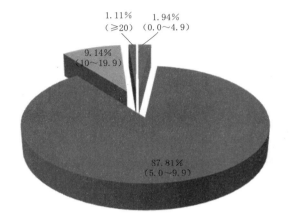

图 9.7　向家坝水电站水库蓄水之前库区
震源深度占比

图 9.8　向家坝水电站水库蓄水之后库区震源
深度占比

　　从震源深度统计的数据来看，向家坝水电站水库蓄水前后的地震均属于浅源地震。水库蓄水前，库区发生的地震震源深度主要分布在 5～10km 之间，占比最大，达到87.81%。水库蓄水之后，震源深度小于 5km 的地震，占比达到了 39.17%，明显高于蓄水之前的 2% 不到。

　　震源深度随时间的变化如图 9.9 和图 9.10 所示。

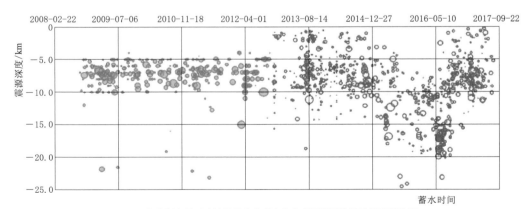

● 向家坝台网正式运行至水库蓄水之前库区范围地震震源深度特征
● 向家坝水库蓄水之后库区范围地震震源深度特征

图 9.9　向家坝水电站水库蓄水前后库区震源深度对比图（天然地震）

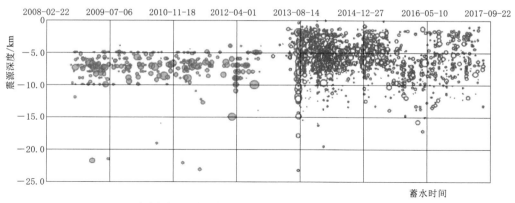

图 9.10　向家坝水电站水库蓄水前后库区震源深度对比图（水库地震）

9.5　地　震　能　量

向家坝库区范围（28°20′N～29°00′N、103°30′E～104°30′E）内的地震年释放能量统计见表 9.4，能量释放与库水位变化之间的关系如图 9.11 所示。

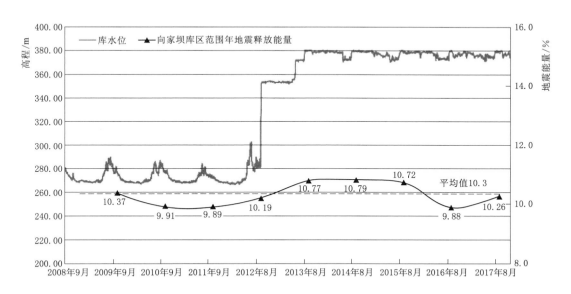

图 9.11　向家坝库区地震能量释放与库水位之间的关系

从图 9.11 可知，向家坝水电站在水库蓄水之后的 3 年间，库区地震释放的能量有所增加，2016 年之后，库区年能量释放基本回到水库蓄水之前的水平。

表 9.4　　　　　　　　向家坝水库蓄水前后库区范围地震年释放能量统计

起止时间	地震释放能量/MJ	相当地震大小/M	起止时间	地震释放能量/MJ	相当地震大小/M
2008.10—2009.9	10.37	3.7	2013.10—2014.9	10.79	4.0
2009.10—2010.9	9.91	3.4	2014.10—2015.9	10.72	3.9
2010.10—2011.9	9.89	3.4	2015.10—2016.9	9.88	3.4
2011.10—2012.9	10.19	3.6	2016.10—2017.9	10.26	3.6
2012.10—2013.9	10.77	4.0	平均	10.3	3.6

注　$\lg E = 4.8 + 1.5\mathrm{M}$。

9.6　总　　结

（1）向家坝水电站在水库蓄水之前，近库区范围（库水影响范围——距库边线 10km 内）地震活动度较低，地震震中没有密集分布地段，只有零星的地震散布在不同的地点。外围集中分布在盐津、马边和珙县三个地区。

（2）从向家坝水库蓄水前后库水位与地震月频次、地震能量、b 值的对比来看，水库蓄水后，库区范围的地震月频次、能量均有明显的变化：地震月频次是蓄水前的 8.2 倍；水库蓄水前库区地震年释放能量相当于发生一次 3.5 级的地震，蓄水后为 4.0 级，释放的能量也大致增加了 8 倍。

（3）b 值在蓄水前后也有明显的变化。蓄水前 b 值为 0.62，蓄水后为 0.99。

（4）库区震源深度分布上也有明显的变化，水库蓄水之前集中分布在 5～10km 的范围，占比达到 87.81%；蓄水后震源深度在 0～5km 范围占比明显增加，占比达到 39.17%。

（5）从震中分布来看，库尾段震情较蓄水前出现了明显的变化，形成北西向密集的条带展布；向家坝水库其他区段，地震则没有明显的变化。

第 10 章

向家坝库区地震时频分布特征

为了与溪洛渡第二库段时频分析的结果具有可比性，在分析向家坝库尾段构造型水库地震时，以震级在 1.5 级以上、震中的距离小于 11km 的波形数据作为分析的对象。根据此要求，符合条件的地震共计 267 次，其中 1.5～1.9 级地震 164 次、2.0～2.4 级地震 68 次、2.5～2.9 级地震 22 次、3.0～3.4 级地震 11 次、3.5～3.9 级地震 2 次。震中距小于 11km 的完好波形记录共计 742 条。

10.1 时频参数与震中距离的关系

向家坝库尾段时频参数——主频、中心频率和带宽分析结果与不同震中距的统计结果见表 10.1，波幅比和中心频率与主频之差与不同震中距的统计结果见表 10.2。在此基础上，绘制 EW 向、SN 向、UP 向主频、中心频率和带宽以及不同方向波幅比随距离的变化关系。

表 10.1　　　　　　　　　向家坝时频参数与震中距离关系统计

震中距 /km	时 频 参 数								
	主频/Hz			中心频率/Hz			带宽/Hz		
	EW	SN	UP	EW	SN	UP	EW	SN	UP
0.0～0.9	2.43	2.04	4.43	4.13	3.91	7.53	9.51	8.37	19.31
1.0～1.9	3.57	3.18	5.45	4.28	4.50	7.26	9.94	10.31	19.00
2.0～2.9	2.68	2.42	4.99	4.32	4.56	7.54	11.04	11.64	20.28
3.0～3.9	3.23	3.03	5.32	4.57	4.69	7.16	11.18	11.21	18.77
4.0～4.9	2.45	2.10	4.00	3.80	3.88	5.89	9.81	10.04	16.14
5.0～5.9	2.40	2.42	3.83	3.67	3.81	5.24	9.60	10.37	15.10
6.0～6.9	2.34	2.49	4.02	3.67	3.74	5.18	9.76	9.96	14.68
7.0～7.9	2.24	2.36	3.83	3.63	3.72	4.94	9.16	9.71	13.85
8.0～8.9	2.47	2.61	4.16	4.21	4.35	5.74	10.53	11.02	16.08
9.0～9.9	2.31	2.70	4.23	3.75	3.95	5.50	10.28	10.33	15.09
10.0～10.9	2.28	2.96	3.84	3.45	3.93	5.08	9.28	9.31	13.97
平均	2.45	2.52	4.13	3.81	3.96	5.62	9.88	10.23	15.59

表 10.2　　　　　　　　　　　　　　向家坝时频参数与震中距离关系统计

震中距 /km	时 频 参 数					
	S/P			中心频率—主频/Hz		
	EW	SN	UP	EW	SN	UP
0~0.9	4.15	5.22	2.24	1.70	1.87	3.10
1.0~1.9	3.54	3.79	1.94	0.70	1.32	1.81
2.0~2.9	3.71	5.91	2.08	1.64	2.15	2.55
3.0~3.9	3.61	5.95	2.15	1.34	1.66	1.85
4.0~4.9	4.01	4.44	2.07	1.36	1.78	1.89
5.0~5.9	3.55	4.08	1.90	1.28	1.39	1.41
6.0~6.9	2.96	3.49	2.15	1.33	1.25	1.16
7.0~7.9	3.46	3.62	2.38	1.38	1.36	1.11
8.0~8.9	3.04	3.48	1.74	1.73	1.74	1.57
9.0~9.9	2.82	3.75	1.87	1.44	1.26	1.27
10.0~10.9	2.79	4.36	2.50	1.16	0.97	1.24
平均	3.35	4.16	2.08	1.36	1.44	1.49

图 10.1 为向家坝水库蓄水以后，库尾段台站所记录的震中距离 0~11km 范围的主频与震中距的对应关系。从图中可以看出，水平向地震波的主频在 2~3.5Hz 之间变化，垂直向地震波主频范围为 3.8~5.5Hz。总体上随着震中距增加，地震波主频频率也呈现出不断减小的趋势。但震中距小于 4km 时，主频明显高于震中距大于 4km 的主频，UP 向的差值在 1Hz 左右，水平向的差值在 0.5Hz 左右。当震中距大于 4km 时，主频随着距离的增加，变化的幅度相对较小。

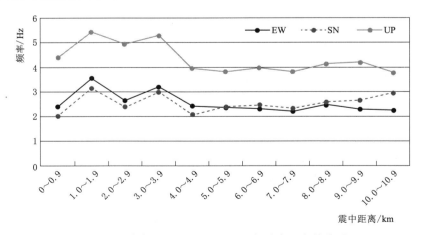

图 10.1　主频（EW、SN、UP）与震中距离的关系

图 10.2 为向家坝水库蓄水以后，库尾段台站所记录的震中距离 0~11km 范围的中心频率与震中距的对应关系。从图中可以看出，水平向地震波的中心频率在 3.5~5.0Hz 之

间变化，垂直向地震波中心频率范围为 5.0～8.0Hz。总体上随着震中距增加，地震波中心频率也呈现出不断减小的趋势。同样，震中距小于 4km 时，中心频率明显高于震中距大于 4km 的中心频率，UP 向的差值在 2Hz 左右，水平向的差值在 0.5Hz 左右。当震中距大于 4km 时，中心频率随着距离的增加，变化的幅度不是十分明显。

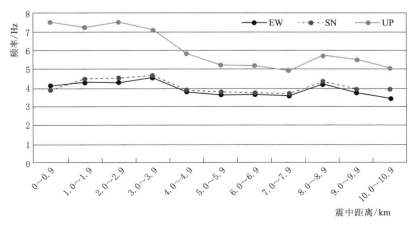

图 10.2　中心频率（EW、SN、UP）与震中距离的关系

图 10.3 为向家坝水库蓄水以后，库尾段台站所记录的震中距离 0～11km 范围的带宽与震中距的对应关系。从图中可以看出，水平向地震波的宽度在 10Hz 左右，垂直向地震波的宽度范围为 14～20Hz。总体上随着震中距增加，地震波 UP 向带宽呈现出不断减小的趋势，水平向变化的幅度不是十分明显。

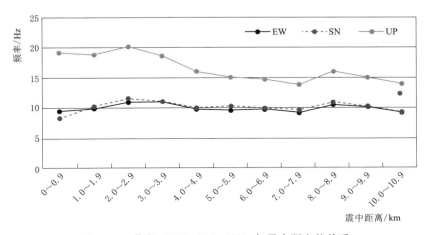

图 10.3　带宽（EW、SN、UP）与震中距离的关系

图 10.4 为库尾段台站所记录的震中距离 0～11km 范围，地震波的 S 波最大值与 P 波最大值的比值与不同震中距的统计关系。从图上可以看出，水平向 S 波最大值与 P 波最大值的比值要明显大于垂直向的比值，且水平向比值的变化幅度同样大于垂直向的变化幅度。垂直向 S 波最大值与 P 波最大值的比值随着震中距的增加，变化不大，基本保持

在 2 倍左右。

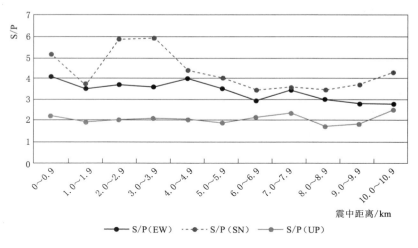

图 10.4　S/P（EW、SN、UP）与震中距离的关系

图 10.5 为地震波中心频率和主频之差与不同震中距离的统计关系。从图可以看出随着距离的增大，中心频率与主频的差值逐渐减小，但均大于 1Hz。

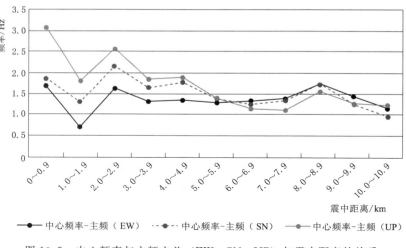

图 10.5　中心频率与主频之差（EW、SN、UP）与震中距离的关系

10.2　时频参数与震级的关系

向家坝库尾段时频参数与震级的关系，所采用的数据样本与震中距离的关系统计相同，共有 742 条地震波符合限定条件。主频、中心频率和带宽与不同震级档的统计关系见表 10.3，S 波最大值与 P 波最大值之比、中心频率与主频之差与不同震级档的统计值见表 10.4。对应的统计关系图如图 10.6～图 10.10 所示。

表 10.3　　　　　　　　　　　　　　向家坝时频参数与震级关系统计

震级档	时 频 参 数								
	主频/Hz			中心频率/Hz			带宽/Hz		
	EW	SN	UP	EW	SN	UP	EW	SN	UP
1.5～1.9	2.64	2.76	4.59	4.13	4.35	6.22	10.90	11.20	16.99
2.0～2.4	2.34	2.31	3.75	3.56	3.63	5.10	8.92	9.29	14.14
2.5～2.9	1.88	1.87	2.99	2.96	3.05	4.26	7.81	8.12	13.03
3.0～3.4	1.74	1.70	2.08	2.48	2.34	3.11	5.80	6.50	10.94
3.5～3.9	1.52	1.71	2.77	2.22	2.21	2.92	4.93	5.93	6.86
平均	2.45	2.52	4.13	3.81	3.96	5.62	9.88	10.23	15.59

表 10.4　　　　　　　　　　　　　　向家坝时频参数与震级关系统计

震级档	时 频 参 数					
	S/P			中心频率—主频/Hz		
	EW	SN	UP	EW	SN	UP
1.5～1.9	3.24	4.08	2.03	1.50	1.59	1.63
2.0～2.4	3.56	4.30	2.20	1.22	1.32	1.35
2.5～2.9	3.25	4.24	2.02	1.08	1.18	1.26
3.0～3.4	4.00	4.13	2.42	0.74	0.63	1.03
3.5～3.9	3.55	4.87	1.94	0.70	0.51	0.15
平均	3.35	4.16	2.08	1.36	1.44	1.49

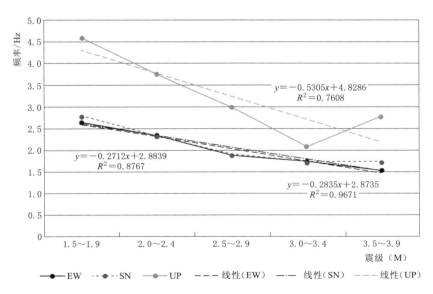

图 10.6　主频（EW、SN、UP）与震级的关系

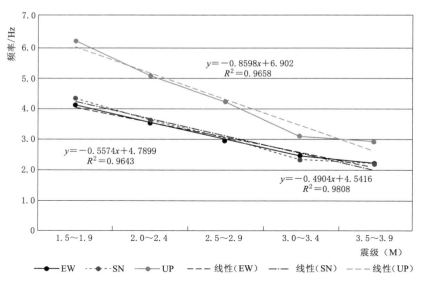

图 10.7　中心频率（EW、SN、UP）与震级的关系

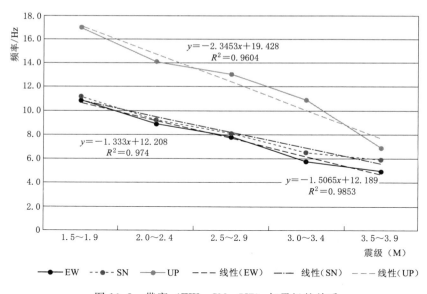

图 10.8　带宽（EW、SN、UP）与震级的关系

从图中可以看出，主频、中心频率、带宽和中心频率和主频之差值与震级的关系均表现负相关的关系，即随着震级的增强，主频、中心频率、带宽和中心频率和主频之差逐渐减小。波幅比与震级的关系变化不大，UP 向的 S 波最大值与 P 波最大值之比在 2 倍左右，水平向的波幅比值在 3～5 倍之间。利用最小二乘法拟合的关系式如下。

主频与震级：

EW：$y=-0.2835x+2.8735$（$R^2=0.9671$）

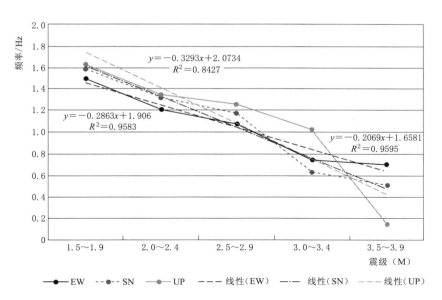

图 10.9　中心频率与主频之差（EW、SN、UP）与震级的关系

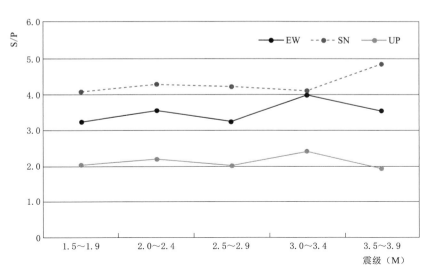

图 10.10　S/P（EW、SN、UP）与震级的关系

SN：$y=-0.2712x+2.8839$（$R^2=0.8767$）

UP：$y=-0.5305x+4.8286$（$R^2=0.7608$）

中心频率与震级：

EW：$y=-0.4904x+4.5416$（$R^2=0.9808$）

SN：$y=-0.5574x+4.7899$（$R^2=0.9643$）

UP：$y=-0.8598x+6.902$（$R^2=0.9658$）

带宽与震级：

EW：$y = -1.5065x + 12.189$（$R^2 = 0.9853$）

SN：$y = -1.333x + 12.208$（$R^2 = 0.974$）

UP：$y = -2.3453x + 19.428$（$R^2 = 0.9604$）

中心频率和主频之差与震级：

EW：$y = -0.2069x + 1.6681$（$R^2 = 0.9595$）

SN：$y = -0.2863x + 1.906$（$R^2 = 0.9583$）

UP：$y = -0.3293x + 2.0734$（$R^2 = 0.8427$）

构造型水库地震时频分布特征与震级关系：

从对溪洛渡不同类型地震的时频参数与震中距离、震级关系的详细分析来看，在不同震中距离上，时频参数的变化趋势不是十分的明显，因此，地震波时频参数与地震震中距离的变化特征，不能作为区分不同类型地震的量化指标。

地震波时频参数与不同震级大小的关系，溪洛渡、向家坝有着相似的变化规律，但在数值的大小上又有所不同。现就水库蓄水以后，发生在各自库区地震的地震波时频参数与震级的关系特点分别进行分析。

10.2.1　主频与震级的关系

表 10.5 为溪洛渡、向家坝水库库区地震主频与震级大小关系的统计表。图 10.11、图 10.12 和图 10.13 分别为 EW、SN 和 UP 向地震波主频与不同震级档的关系图。

表 10.5　　　　　　　　不同水库区地震波主频与震级大小的关系统计

震级（M）	向　家　坝/Hz			溪　洛　渡/Hz		
	EW	SN	UP	EW	SN	UP
1.5～1.9	2.64	2.76	4.59	2.26	2.40	4.89
2.0～2.4	2.34	2.31	3.75	2.03	2.30	5.76
2.5～2.9	1.88	1.87	2.99	1.91	1.89	5.25
3.0～3.4	1.74	1.70	2.08	1.86	1.72	5.08
3.5～3.9	1.52	1.71	2.77	1.92	1.65	4.25
4.0～4.4				1.52	1.51	4.48
4.5～4.9				1.49	1.53	2.24

从图中可以看出，溪洛渡、向家坝水库构造型水库地震地震波的主频与震级的大小呈现随震级的增大而逐渐减小的趋势。其中，EW、SN 向地震波的主频，向家坝、溪洛渡不管从数据绝对值的大小，还是衰减的规律基本保持一致，且不同震级所对应的主频大小的差值在 1.0～1.5Hz 之间。垂直向地震波的主频，总体的变化范围在 2～6Hz 之间。

由于向家坝和溪洛渡水库各自统计样本的数量不尽相同，尤其是在统计段的前后两端由于数据样本较少，因此，统计的结果离散性较大。在线性关系分析中，只取中间的、有足够样本数量的点进行线性拟合。图 10.14～图 10.16 为溪洛渡、向家坝构造型水库地震波的主频与震级大小的对应关系和采用最小二乘法拟合得到的关系式，结果见表

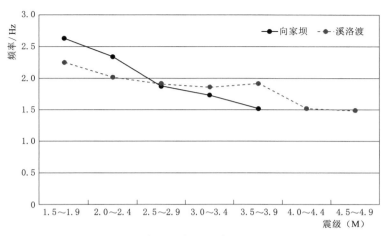

图 10.11 溪洛渡、向家坝水库地震波 EW 向主频与震级的关系

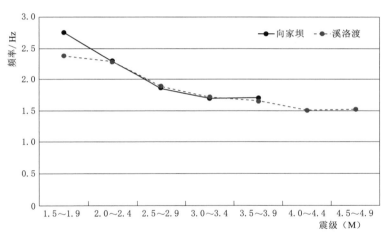

图 10.12 溪洛渡、向家坝水库地震波 SN 向主频与震级的关系

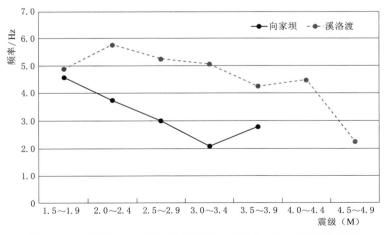

图 10.13 溪洛渡、向家坝水库地震波 UP 向主频与震级的关系

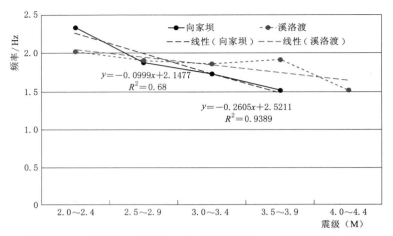

图 10.14 溪洛渡、向家坝水库地震波 EW 向主频与震级的关系

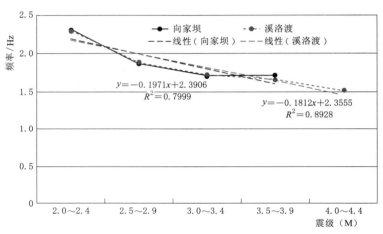

图 10.15 溪洛渡、向家坝水库地震波 SN 向主频与震级的关系

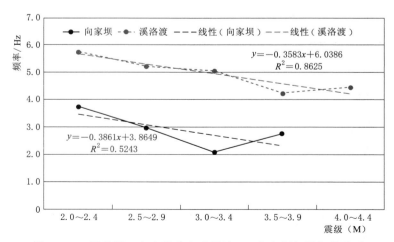

图 10.16 溪洛渡、向家坝水库地震波 UP 向主频与震级的关系

10.6。从表中可以看出，水平向地震波的主频与震级大小的关系相关系数在 0.65 以上，其中溪洛渡水库主频与震级的关系，水平向和垂直向地震波相关系数均达到 0.92。向家坝水库由于在 4.0～4.4 档地震偏少，垂直向在该范围的统计值出现了反常的现象。

表 10.6　　　　　　　　　　溪洛渡、向家坝地震波主频与震级关系

名称	方向	震 级 档					线 性 关 系 式
		2.0～2.4	2.5～2.9	3.0～3.4	3.5～3.9	4.0～4.4	
向家坝	EW	2.34	1.88	1.74	1.52		$y=-0.2605x+2.5211$（$R^2=0.9389$）
	SN	2.31	1.87	1.70	1.71		$y=-0.1971x+2.3906$（$R^2=0.7999$）
	UP	3.75	2.99	2.08	2.77		$y=-0.3861x+3.8649$（$R^2=0.5243$）
溪洛渡	EW	2.03	1.91	1.86	1.92	1.52	$y=-0.0999x+2.1477$（$R^2=0.68$）
	SN	2.30	1.89	1.72	1.65	1.51	$y=-0.1812x+2.3555$（$R^2=0.8928$）
	UP	5.76	5.25	5.08	4.25	4.48	$y=-0.3583x+6.0386$（$R^2=0.8625$）

10.2.2　中心频率与震级的关系

表 10.7 为溪洛渡、向家坝水库库区地震中心频率与震级大小关系的统计表。图 10.17～图 10.19 分别为 EW、SN 和 UP 向地震波中心频率与不同震级档的关系图。

表 10.7　　　　　　　　不同水库区地震波中心频率与震级大小的关系统计

震级（M）	向 家 坝			溪 洛 渡		
	EW	SN	UP	EW	SN	UP
1.5～1.9	4.13	4.35	6.22	3.50	3.62	6.03
2.0～2.4	3.56	3.63	5.10	3.64	4.06	6.47
2.5～2.9	2.96	3.05	4.26	3.10	3.38	5.73
3.0～3.4	2.48	2.34	3.11	2.77	2.93	5.35
3.5～3.9	2.22	2.21	2.92	2.44	2.56	4.75
4.0～4.4				1.93	1.84	4.87
4.5～4.9				1.71	1.80	2.75

从图中可以看出，溪洛渡、向家坝水库区构造型地震的中心频率与地震震级的大小均呈现随地震的增大，逐渐减小的趋势。变化的规律与主频与地震震级大小之间的关系基本一致。溪洛渡、向家坝水平向地震波的中心频率总体的变化趋势比较接近。溪洛渡、向家坝对应地震档的中心频率，差值的大小在 0.5～3Hz 之间。垂直向地震波的中心频率在 3～7Hz 之间。

同样，对向家坝和溪洛渡地震波的中心频率与震级大小的关系，采用最小二乘法拟合时，只利用中间的数据点，即 M2.0～4.4 的范围，具体的线性关系见表 10.8 和图 10.20～图 10.22。从中心频率与震级大小的线性关系来看，相关系数绝大部分都在 0.9 以上，其中溪洛渡 EW 向有 4 个达到 0.99，这说明构造型水库地震的地震波中心频率与震级的关系，可以作为对应区域构造型水库地震判别的依据。

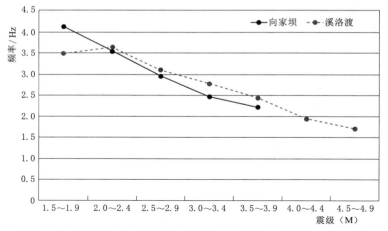

图 10.17　溪洛渡、向家坝水库地震波 EW 向中心频率与震级的关系

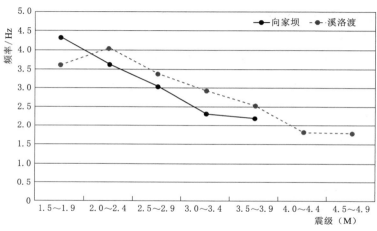

图 10.18　溪洛渡、向家坝水库地震波 SN 向中心频率与震级的关系

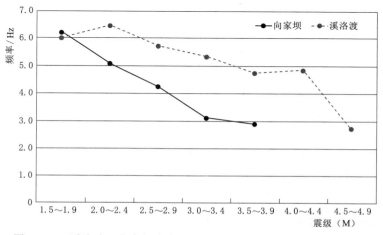

图 10.19　溪洛渡、向家坝水库地震波 UP 向中心频率与震级的关系

表 10.8   中心频率与震级的关系

名称	方向	震 级 档					线 性 关 系 式
		2.0～2.4	2.5～2.9	3.0～3.4	3.5～3.9	4.0～4.4	
向家坝	EW	3.56	2.96	2.48	2.22		$y=-0.4488x+3.9264$（$R^2=0.9713$）
	SN	3.63	3.05	2.34	2.21		$y=-0.4972x+4.0518$（$R^2=0.9401$）
	UP	5.10	4.26	3.11	2.92		$y=-0.7707x+5.7748$（$R^2=0.9421$）
溪洛渡	EW	3.64	3.10	2.77	2.44	1.93	$y=-0.4082x+4.0032$（$R^2=0.9902$）
	SN	4.06	3.38	2.93	2.56	1.84	$y=-0.5259x+4.5303$（$R^2=0.988$）
	UP	6.47	5.73	5.35	4.75	4.87	$y=-0.4184x+6.6896$（$R^2=0.8937$）

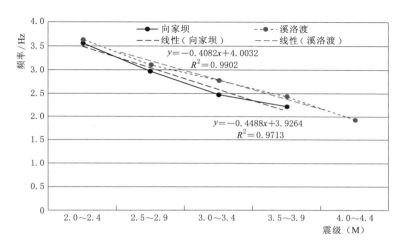

图 10.20 溪洛渡、向家坝水库地震波 EW 向中心频率与震级的关系

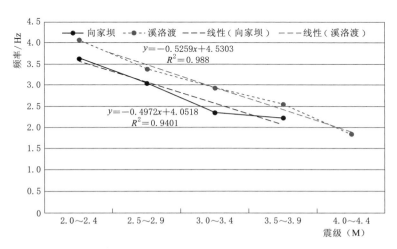

图 10.21 溪洛渡、向家坝水库地震波 SN 向中心频率与震级的关系

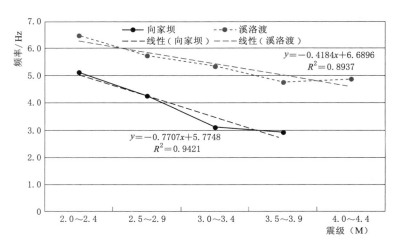

图 10.22　溪洛渡、向家坝水库地震波 UP 向中心频率与震级的关系

10.2.3　带宽与震级的关系

表 10.9 为溪洛渡、向家坝水库库区地震带宽与震级大小关系的统计表。图 10.23～图 10.25 分别为 EW、SN 和 UP 向地震波带宽与不同震级档的关系图。

表 10.9　　　　　　　　　　　　　　不同水库区地震波带宽与震级大小的关系统计

震级（M）	向　家　坝			溪　洛　渡		
	EW	SN	UP	EW	SN	UP
1.5～1.9	10.90	11.20	16.99	9.24	9.38	15.10
2.0～2.4	8.92	9.29	14.14	9.98	10.56	13.65
2.5～2.9	7.81	8.12	13.03	8.00	8.61	12.82
3.0～3.4	5.80	6.50	10.94	6.73	7.36	11.64
3.5～3.9	4.93	5.93	6.86	5.94	6.46	11.42
4.0～4.4				4.40	4.70	10.79
4.5～4.9				4.87	5.40	9.94

从图上可以看出，溪洛渡、向家坝库区地震的带宽水平向在 4～12Hz 之间，各震级档的差值在 1Hz 左右，垂直向在 6～18Hz 之间，在震级小于 3.5 级时，其变化不大。总的趋势均是随着震级的增大，频带的宽度收窄。

地震波带宽与震级的关系，同样采用最小二乘法，拟合的关系式和相关系数如图 10.26、图 10.27 和图 10.28，详细数据见表 10.10。

从图中可以看出，水平向地震波的带宽与震级大小的关系线性度较好，相关系数大于 0.97。由于向家坝没有 4 级以上的地震，且 3.5～3.9 级的地震也偏少，相关系数最低为 0.93。总体上，从地震波带宽的角度，由于具有较高的相关系数，也可以作为判别构

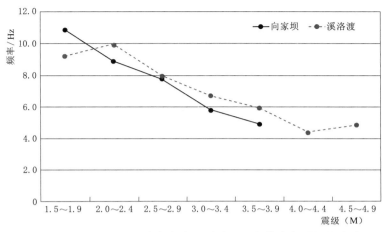

图 10.23 溪洛渡、向家坝水库地震波 EW 向带宽与震级的关系

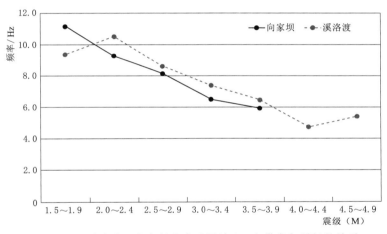

图 10.24 溪洛渡、向家坝水库地震波 SN 向带宽与震级的关系

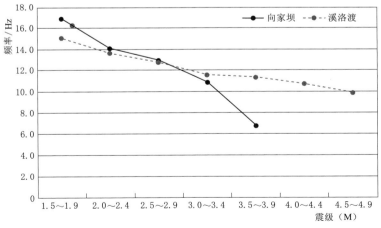

图 10.25 溪洛渡、向家坝水库地震波 UP 向带宽与震级的关系

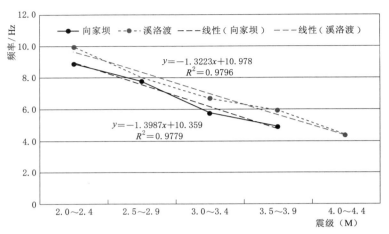

图 10.26　溪洛渡、向家坝水库地震波 EW 向带宽与震级的关系

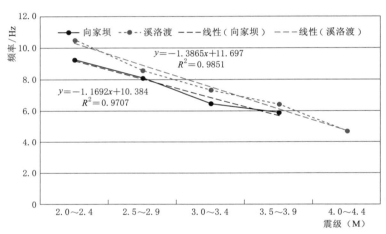

图 10.27　溪洛渡、向家坝水库地震波 SN 向带宽与震级的关系

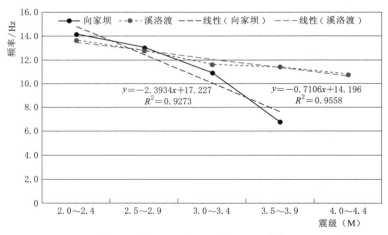

图 10.28　溪洛渡、向家坝水库地震波 UP 向带宽与震级的关系

表 10.10　　　　　　　　　　　　带宽与震级关系统计表

名称	方向	震 级 档					线 性 关 系 式
		2.0～2.4	2.5～2.9	3.0～3.4	3.5～3.9	4.0～4.4	
向家坝	EW	8.92	7.81	5.80	4.93		$y=-1.3987x+10.359\ (R^2=0.9779)$
	SN	9.29	8.12	6.50	5.93		$y=-1.1692x+10.384\ (R^2=0.9707)$
	UP	14.14	13.03	10.94	6.86		$y=-2.3934x+17.227\ (R^2=0.9273)$
溪洛渡	EW	9.98	8.00	6.73	5.94	4.40	$y=-1.3223x+10.978\ (R^2=0.9796)$
	SN	10.56	8.61	7.36	6.46	4.70	$y=-1.3865x+11.697\ (R^2=0.9851)$
	UP	13.65	12.82	11.64	11.42	10.79	$y=-0.7106x+14.196\ (R^2=0.9558)$

造型水库地震的一个量化的指标。但不同地域所存在的差异，需要有更多的实例来补充完善。

10.2.4　S/P 与震级的关系

表 10.11 为溪洛渡、向家坝水库库区地震 S 波最大值与 P 波最大值之比与震级大小关系的统计表。图 10.29、图 10.30、图 10.31 分别为 EW、SN 和 UP 向地震波 S 波最大值与 P 波最大值之比与不同震级档的关系图。

表 10.11　　不同水库区地震波 S 波最大值与 P 波最大值之比与震级大小的关系统计

震级（M）	向 家 坝			溪 洛 渡		
	EW	SN	UP	EW	SN	UP
1.5～1.9	3.24	4.08	2.03	3.50	3.22	1.89
2.0～2.4	3.56	4.30	2.20	3.85	3.47	2.09
2.5～2.9	3.25	4.24	2.02	4.23	3.77	2.08
3.0～3.4	4.00	4.13	2.42	4.45	4.20	2.30
3.5～3.9	3.55	4.87	1.94	5.06	4.48	2.40
4.0～4.4				4.55	4.27	2.14
4.5～4.9				3.82	4.37	1.78

从图上可以看出，S 波最大值与 P 波最大值之比与不同震级的关系有一个比较明显的特点，在震级小于 3.0 时，比值随震级的增大而增大，当震级大于 4.0 级时，最大值之比又随震级的增大而减小。水平向地震波和垂直向地震波均有此特点。从比值大小的绝对值上看，向家坝和溪洛渡两水库，在各个震级档均表现出相似的特征。溪洛渡、向家坝的水平向的比值在 4 左右，垂直向地震波 S 波最大值与 P 波最大值之比变化较小。

10.2.5　溪洛渡、向家坝构造型水库地震波时频分布特征与震级的关系

溪洛渡、向家坝构造型水库地震震级档时频分布与震级的统计关系见表 10.12、表 10.13 和表 10.14。

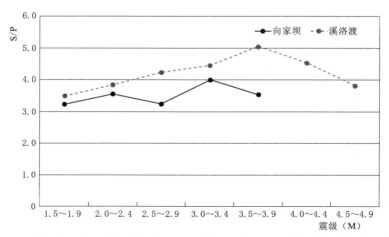

图 10.29 溪洛渡、向家坝地震波 EW 向 S 波最大值与 P 波最大值之比与震级的关系

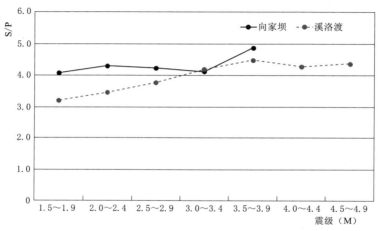

图 10.30 溪洛渡、向家坝地震波 SN 向 S 波最大值与 P 波最大值之比与震级的关系

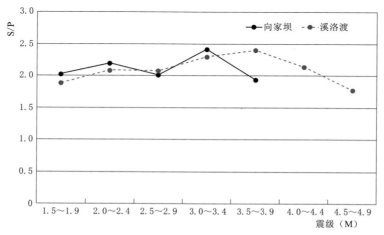

图 10.31 溪洛渡、向家坝地震波 UP 向 S 波最大值与 P 波最大值之比与震级的关系

表 10.12 溪洛渡、向家坝地震波主频与震级关系

名称	方向	震 级 档					线 性 关 系 式
		2.0～2.4	2.5～2.9	3.0～3.4	3.5～3.9	4.0～4.4	
向家坝	EW	2.34	1.88	1.74	1.52		$y=-0.2605x+2.5211$ $(R^2=0.9389)$
	SN	2.31	1.87	1.70	1.71		$y=-0.1971x+2.3906$ $(R^2=0.7999)$
	UP	3.75	2.99	2.08	2.77		$y=-0.3861x+3.8649$ $(R^2=0.5243)$
溪洛渡	EW	2.03	1.91	1.86	1.92	1.52	$y=-0.0999x+2.1477$ $(R^2=0.68)$
	SN	2.30	1.89	1.72	1.65	1.51	$y=-0.1812x+2.3555$ $(R^2=0.8928)$
	UP	5.76	5.25	5.08	4.25	4.48	$y=-0.3583x+6.0386$ $(R^2=0.8625)$

表 10.13 溪洛渡、向家坝地震波中心频率与震级的关系

名称	方向	震 级 档					线 性 关 系 式
		2.0～2.4	2.5～2.9	3.0～3.4	3.5～3.9	4.0～4.4	
向家坝	EW	3.56	2.96	2.48	2.22		$y=-0.4488x+3.9264$ $(R^2=0.9713)$
	SN	3.63	3.05	2.34	2.21		$y=-0.4972x+4.0518$ $(R^2=0.9401)$
	UP	5.10	4.26	3.11	2.92		$y=-0.7707x+5.7748$ $(R^2=0.9421)$
溪洛渡	EW	3.64	3.10	2.77	2.44	1.93	$y=-0.4082x+4.0032$ $(R^2=0.9902)$
	SN	4.06	3.38	2.93	2.56	1.84	$y=-0.5259x+4.5303$ $(R^2=0.988)$
	UP	6.47	5.73	5.35	4.75	4.87	$y=-0.4184x+6.6896$ $(R^2=0.8937)$

表 10.14 溪洛渡、向家坝地震波带宽与震级关系统计

名称	方向	震 级 档					线 性 关 系 式
		2.0～2.4	2.5～2.9	3.0～3.4	3.5～3.9	4.0～4.4	
向家坝	EW	8.92	7.81	5.80	4.93		$y=-1.3987x+10.359$ $(R^2=0.9779)$
	SN	9.29	8.12	6.50	5.93		$y=-1.1692x+10.384$ $(R^2=0.9707)$
	UP	14.14	13.03	10.94	6.86		$y=-2.3934x+17.227$ $(R^2=0.9273)$
溪洛渡	EW	9.98	8.00	6.73	5.94	4.40	$y=-1.3223x+10.978$ $(R^2=0.9796)$
	SN	10.56	8.61	7.36	6.46	4.70	$y=-1.3865x+11.697$ $(R^2=0.9851)$
	UP	13.65	12.82	11.64	11.42	10.79	$y=-0.7106x+14.196$ $(R^2=0.9558)$

第 11 章

向家坝库区地震震源参数定标关系

向家坝水库自 2012 年 10 月 10 日开始蓄水，库尾段出现明显的震情变化始于 2013 年 7 月，地震的强度以微震为主，未有大于 4 级的地震发生。至 2017 年 5 月，震中距小于 11km，震级大于 1.5 级，垂直向和水平向的地震波均为 598 条。震源参数包括地震矩、矩震级、拐角频率、应力降和震源半径等。

11.1 垂直向地震波震源参数定标关系

11.1.1 地震矩与拐角频率的定标关系

图 11.1 为向家坝库尾段地震波的地震矩与拐角频率的定标关系。从图上可以看出，地震矩是随拐角频率的增大而减小，采用最小二乘法拟合后 M_0 与 f_0 的定标关系为：

$$\lg M_0 = -0.6753\lg f_0 + 12.188 \quad (R^2 = 0.045)$$

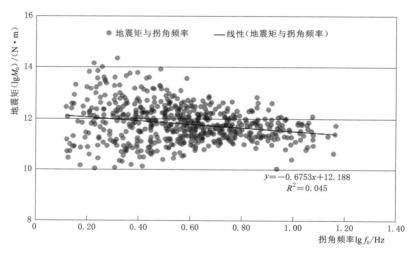

图 11.1 向家坝库尾段垂直向地震波地震矩与拐角频率的定标关系

11.1.2 地震矩与震级的定标关系

图 11.2 为向家坝库尾段地震矩与震级的定标关系，采用最小二乘法拟合后 M_0 与 ML 的定标关系为

$$\lg M_0 = 1.2939\text{ML} + 9.2337 \quad (R^2 = 0.6796)$$

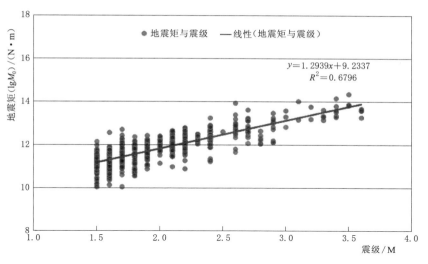

图 11.2　向家坝库尾段垂直向地震波地震矩与震级的定标关系

11.1.3　应力降与地震矩的定标关系

图 11.3 为向家坝库尾段应力降与地震矩的定标关系，采用最小二乘法拟合后 M_0 与 $\Delta\sigma$ 的定标关系为

$$\lg\Delta\sigma = 0.8201\log M_0 - 11.897 \quad (R^2 = 0.4656)$$

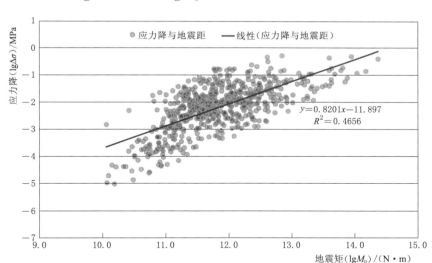

图 11.3　向家坝库尾段垂直向地震波应力降与地震矩的定标关系

11.2　水平向地震波震源参数定标关系

11.2.1　地震矩与拐角频率的定标关系

图 11.4 为向家坝库尾段地震矩与拐角频率的定标关系。从图上可以看出，水库蓄水

之后地震矩是随拐角频率的增大而减小，采用最小二乘法拟合后 M_0 与 f_0 的定标关系为

$$\lg M_0 = -0.4602 \log f_0 + 12.375 \quad (R^2 = 0.0184)$$

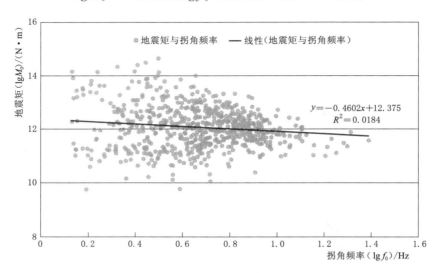

图 11.4　向家坝库尾段水平向地震波地震矩与拐角频率的定标关系

11.2.2　地震矩与震级的定标关系

图 11.5 为向家坝库尾段地震矩与震级的定标关系，采用最小二乘法拟合后 M_0 与 ML 的定标关系为

$$\lg M_0 = 1.3222 ML + 9.4628 \quad (R^2 = 0.6153)$$

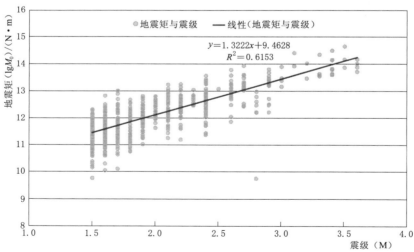

图 11.5　向家坝库尾段水平向地震波地震矩与震级的定标关系

11.2.3　应力降与地震矩的定标关系

图 11.6 为向家坝库尾段应力降与地震矩的定标关系，采用最小二乘法拟合后 M_0 与

$\Delta\sigma$ 的定标关系为

$$\lg\Delta\sigma = 0.8805\lg M_0 - 12.281 \quad (R^2 = 0.5028)$$

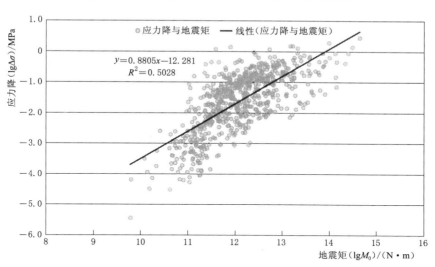

图 11.6 向家坝库尾段水平向地震波应力降与地震矩的定标关系

第 12 章

水库诱发地震判别总结

12.1 溪洛渡水库地震判识研究主要结论

12.1.1 地震记录参数（发震时间、震中位置、震源深度、震级大小）

（1）发生时间：水库地震在发震时间上应与水库的蓄水密切相当，亦即地震是发生在由于水库的修建，使得库区的水位变化超出了自然洪水的最高水位。

（2）空间分布：地震震中分布应位于库区范围，或库水可能通过一定的水文地质结构面，影响到更远的区域。

（3）b 值：发生在水库蓄水后，库区范围内的地震活动 b 值大小，有别于天然地震对于 b 值的统计值（b 值的统计应有相似的范围）。

（4）地震频次：水库蓄水后，库区及邻近地区的地震频次与水库蓄水之前的相同时间间隔的统计值，发生了显著的变化（主要统计的指标为月频次的变化情况）。

（5）地震释放能量：水库蓄水后库区范围内地震释放的能量与水库蓄水之前相似区域内释放的能量，也应有明显的变化。

（6）震源深度：水库蓄水之后，地震的震源深度与天然地震相比，也存在着明显的不同（水库地震的震源深度绝大多数为浅源地震，震源深度小于 10km，岩溶型水库地震和卸荷型水库地震的震源深度基本小于 5km）。

（7）地震类型：对于水库地震而言，地震类型多为前震—主震—余震，天然地震为主震—余震类型。

（8）地震序列：水库地震序列相对于天然地震衰减较快。

（9）水库地震的类型：1）快速响应型（地表浅局部应力的调整、对岩溶系统水动力条件的改变）；2）滞后响应型（由于库水的渗透，所引起构造面应力状态的改变）。

12.1.2 震源空间参数

（1）震源的空间分布，能够揭示震区深部构造的空间几何特征，对于水库地震类型的判识具有重要作用（震源的空间展布受构造面的控制；震源的空间分布无规律）；震中所在位置地表没有明显的断层、断裂与之相对应。

（2）区域构造应力场与断层空间展布合理的组合，是发生构造型水库地震的首要条件。

12.1.3 地震波

地震波本身 P 波的最大值、S 波的最大值以及 S/P 等指标；P 波的初动方向（岩溶型 P 波初动向下、构造四象限分布）；地震波的衰减。

12.1.4 地震波时频分布特征

时频主要参数：主频、中心频率、带宽与地震参数之间的关系，包括了震级大小、震源深度和震源距等。

12.1.5 震源参数

震源主要参数：地震矩、拐角频率、应力降、震源半径定标关系以及各参数与地震参数之间的关系，包括了震级大小、震源深度和震源距等。

对水库地震判识所应具备的条件：①丰富的地震监测数据；②足够长的监测时段；③准确的地震定位精度；④详细的地震地质、岩体空间分布等。

金沙江下游连续、稳定、可靠的水库地震监测系统所提供的高精度地震监测数据，为开展水库地震判识研究奠定了坚实基础，并取得了较为丰富的研究成果，并为今后继续深化研究水库地震这个学术界公认的世界性难题，同时也是社会关注的焦点问题提供了重要参考。

12.2　向家坝水库地震判识研究主要结论

（1）向家坝水电站在水库蓄水之前，近库区范围（库水影响范围——距库边线 10km 内）地震活动度较低，地震震中没有密集分布地段，只有零星的地震散布在不同的地点。外围集中分布在盐津、马边和珙县三个地区。

（2）从向家坝水库蓄水前后库水位与地震月频次、地震能量、b 值的对比来看，水库蓄水后，库区范围的地震月频次、能量均有明显的变化：地震月频次是蓄水前的 8.2 倍；水库蓄水前库区地震年释放能量相当于发生一次 3.5 级的地震，蓄水后为 4.0 级，释放的能量也大致增加了 8 倍。

（3）b 值在蓄水前后也有明显的变化。蓄水前 b 值为 0.62，蓄水后为 0.99。

（4）库区震源深度分布上也有明显的变化（见表 12.1），水库蓄水之前集中分布在 5～10km 的范围，占比达到 87.81%；蓄水后震源深度在 0～5km 范围占比明显增加，占比达到 39.17%。

表 12.1　　向家坝水电站水库蓄水前后震源深度统计对比

地震时段	震源深度/km				
	0.0～4.9	5.0～9.9	10～19.9	≥20	合计
天然地震	7	317	33	4	361
蓄后地震	1260	1789	164	4	3217

地震时段	不同区间震源深度占比/%				
	0.0～4.9	5.0～9.9	10～19.9	≥20	合计
天然地震	1.94	87.81	9.14	1.11	100.00
蓄后地震	39.17	55.61	5.10	0.12	100.00

（5）从震中分布来看，库尾段震情较蓄水前出现了明显的变化，形成北西向密集的条带展布；向家坝水库其他区段，地震则没有明显的变化。

（6）地震波时频参数与震级的关系（表 12.2～12.6）。

表 12.2　　　　　　　　　　　　向家坝时频参数与震级关系统计

震级档	时 频 参 数								
	主频/Hz			中心频率/Hz			带宽/Hz		
	EW	SN	UP	EW	SN	UP	EW	SN	UP
1.5～1.9	2.64	2.76	4.59	4.13	4.35	6.22	10.90	11.20	16.99
2.0～2.4	2.34	2.31	3.75	3.56	3.63	5.10	8.92	9.29	14.14
2.5～2.9	1.88	1.87	2.99	2.96	3.05	4.26	7.81	8.12	13.03
3.0～3.4	1.74	1.70	2.08	2.48	2.34	3.11	5.80	6.50	10.94
3.5～3.9	1.52	1.71	2.77	2.22	2.21	2.92	4.93	5.93	6.86
平均	2.45	2.52	4.13	3.81	3.96	5.62	9.88	10.23	15.59

表 12.3　　　　　　　　　　　　向家坝时频参数与震级关系统计

震 级 档	时 频 参 数					
	S/P			中心频率—主频/Hz		
	EW	SN	UP	EW	SN	UP
1.5～1.9	3.24	4.08	2.03	1.50	1.59	1.63
2.0～2.4	3.56	4.30	2.20	1.22	1.32	1.35
2.5～2.9	3.25	4.24	2.02	1.08	1.18	1.26
3.0～3.4	4.00	4.13	2.42	0.74	0.63	1.03
3.5～3.9	3.55	4.87	1.94	0.70	0.51	0.15
平均	3.35	4.16	2.08	1.36	1.44	1.49

主频与震级：

EW：$y = -0.2835x + 2.8735$（$R^2 = 0.9671$）

SN：$y = -0.2712x + 2.8839$（$R^2 = 0.8767$）

UP：$y = -0.5305x + 4.8286$（$R^2 = 0.7608$）

中心频率与震级：

EW：$y=-0.4904x+4.5416$（$R^2=0.9808$）

SN：$y=-0.5574x+4.7899$（$R^2=0.9643$）

UP：$y=-0.8598x+6.902$（$R^2=0.9658$）

带宽与震级：

EW：$y=-1.5065x+12.189$（$R^2=0.9853$）

SN：$y=-1.333x+12.208$（$R^2=0.974$）

UP：$y=-2.3453x+19.428$（$R^2=0.9604$）

中心频率和主频之差与震级：

EW：$y=-0.2069x+1.6681$（$R^2=0.9595$）

SN：$y=-0.2863x+1.906$（$R^2=0.9583$）

UP：$y=-0.3293x+2.0734$（$R^2=0.8427$）

表 12.4　　　　　　　溪洛渡、向家坝地震波主频与震级关系

名称	方向	震 级 档					线 性 关 系 式
		2.0~2.4	2.5~2.9	3.0~3.4	3.5~3.9	4.0~4.4	
向家坝	EW	2.34	1.88	1.74	1.52		$y=-0.2605x+2.5211$（$R^2=0.9389$）
	SN	2.31	1.87	1.70	1.71		$y=-0.1971x+2.3906$（$R^2=0.7999$）
	UP	3.75	2.99	2.08	2.77		$y=-0.3861x+3.8649$（$R^2=0.5243$）
溪洛渡	EW	2.03	1.91	1.86	1.92	1.52	$y=-0.0999x+2.1477$（$R^2=0.68$）
	SN	2.30	1.89	1.72	1.65	1.51	$y=-0.1812x+2.3555$（$R^2=0.8928$）
	UP	5.76	5.25	5.08	4.25	4.48	$y=-0.3583x+6.0386$（$R^2=0.8625$）

表 12.5　　　　　　　溪洛渡、向家坝地震波中心频率与震级的关系

名称	方向	震 级 档					线 性 关 系 式
		2.0~2.4	2.5~2.9	3.0~3.4	3.5~3.9	4.0~4.4	
向家坝	EW	3.56	2.96	2.48	2.22		$y=-0.4488x+3.9264$（$R^2=0.9713$）
	SN	3.63	3.05	2.34	2.21		$y=-0.4972x+4.0518$（$R^2=0.9401$）
	UP	5.10	4.26	3.11	2.92		$y=-0.7707x+5.7748$（$R^2=0.9421$）
溪洛渡	EW	3.64	3.10	2.77	2.44	1.93	$y=-0.4082x+4.0032$（$R^2=0.9902$）
	SN	4.06	3.38	2.93	2.56	1.84	$y=-0.5259x+4.5303$（$R^2=0.988$）
	UP	6.47	5.73	5.35	4.75	4.87	$y=-0.4184x+6.6896$（$R^2=0.8937$）

表 12.6　　　　　　溪洛渡、向家坝和地震波带宽与震级关系统计

名称	方向	震 级 档					线 性 关 系 式
		2.0~2.4	2.5~2.9	3.0~3.4	3.5~3.9	4.0~4.4	
向家坝	EW	8.92	7.81	5.80	4.93		$y=-1.3987x+10.359$（$R^2=0.9779$）
	SN	9.29	8.12	6.50	5.93		$y=-1.1692x+10.384$（$R^2=0.9707$）
	UP	14.14	13.03	10.94	6.86		$y=-2.3934x+17.227$（$R^2=0.9273$）

续表

名称	方向	震　级　档					线　性　关　系　式
		2.0~2.4	2.5~2.9	3.0~3.4	3.5~3.9	4.0~4.4	
溪洛渡	EW	9.98	8.00	6.73	5.94	4.40	$y=-1.3223x+10.978$ $(R^2=0.9796)$
	SN	10.56	8.61	7.36	6.46	4.70	$y=-1.3865x+11.697$ $(R^2=0.9851)$
	UP	13.65	12.82	11.64	11.42	10.79	$y=-0.7106x+14.196$ $(R^2=0.9558)$

（7）震源参数定标关系。

1）地震矩与拐角频率的定标关系（图 12.1 和图 12.2）。

库首区　　　　　$\lg M_0=-1.7464\lg f_0+12.365$　　$(R^2=0.28)$（蓄水后）

　　　　　　　　$\lg M_0=-2.7211\lg f_0+12.802$　　$(R^2=0.22)$（蓄水前）

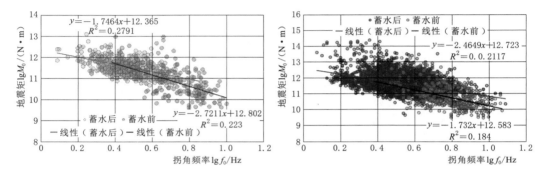

图 12.1　溪洛渡库首区、务基区水库蓄水前后地震矩与拐角频率的定标关系

务基区　　　　　$\lg M_0=-1.732\lg f_0+12.583$　　$(R^2=0.18)$（蓄水后）

　　　　　　　　$\lg M_0=-2.4649\lg f_0+12.723$　　$(R^2=0.21)$（蓄水前）

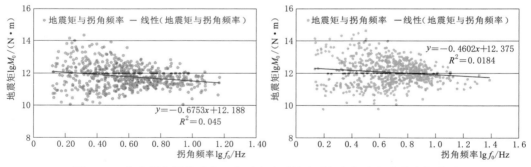

图 12.2　向家坝库尾段垂直、水平向地震波地震矩与拐角频率的定标关系

向家坝　　　　　$\lg M_0=-0.6753\lg f_0+12.188$　　$(R^2=0.045)$（垂直）

　　　　　　　　$\lg M_0=-0.4602\lg f_0+12.375$　　$(R^2=0.0184)$（水平）

2）地震矩与震级的定标关系（图 12.3 和图 12.4）。

库首区　　　　　$\lg M_0=0.7766ML+10.219$　　$(R^2=0.25)$（蓄水后）

　　　　　　　　$\lg M_0=0.7345ML+9.897$　　$(R^2=0.72)$（蓄水前）

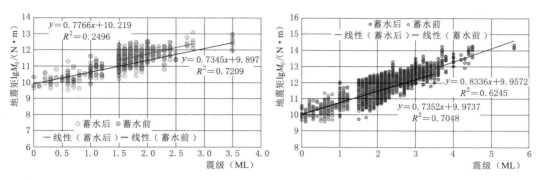

图 12.3 溪洛渡库首区、务基区水库蓄水前后地震矩与地震震级的定标关系

务基区 $\lg M_0 = 0.8336\mathrm{ML} + 9.9572$ $(R^2 = 0.62)$（蓄水后）

$\lg M_0 = 0.7352\mathrm{ML} + 9.9737$ $(R^2 = 0.70)$（蓄水前）

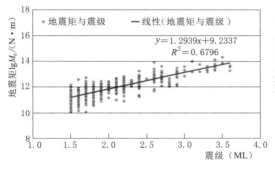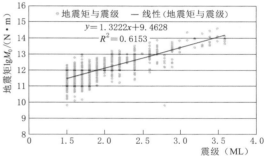

图 12.4 向家坝库尾段垂直、水平向地震波地震矩与震级的定标关系

向家坝 $\lg M_0 = 1.2939\mathrm{ML} + 9.2337$ $(R^2 = 0.6796)$（垂直）

$\lg M_0 = 1.3222\mathrm{ML} + 9.4628$ $(R^2 = 0.6153)$（水平）

3）应力降与地震矩的定标关系（图 12.5 和图 12.6）。

库首区 $\lg \Delta\sigma = 0.5206\lg M_0 - 8.7729$ $(R^2 = 0.31)$（蓄水后）

$\lg \Delta\sigma = 0.7541\lg M_0 - 10.786$ $(R^2 = 0.73)$（蓄水前）

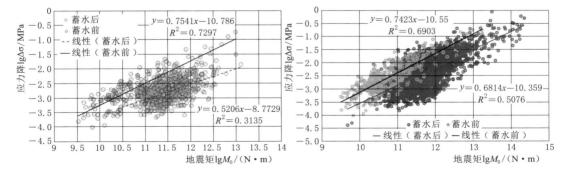

图 12.5 溪洛渡库首区、务基区水库蓄水前后应力降与地震矩的定标关系

务基区　　　　$\lg\Delta\sigma = 0.6814\log M_0 - 10.359$　　$(R^2 = 0.51)$（蓄水后）

　　　　　　　　$\lg\Delta\sigma = 0.7423\log M_0 - 10.55$　　$(R^2 = 0.69)$（蓄水前）

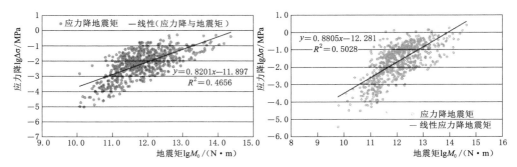

图 12.6　向家坝库尾段垂直、水平向地震波应力降与地震矩的定标关系

向家坝　　　　$\lg\Delta\sigma = 0.8201\lg M_0 - 11.897$　　$(R^2 = 0.4656)$（垂直）

　　　　　　　　$\lg\Delta\sigma = 0.8805\lg M_0 - 12.281$　　$(R^2 = 0.5028)$（水平）

　　（8）构造型水库地震和岩溶型水库地震震源参数统计特点。在相同的震级大小（M≥1.5）、相同的震中距离（$D \leqslant 11\mathrm{km}$）的前提下，对发生在向家坝和溪洛渡库区务基段的构造型水库地震和发生在溪洛渡库首区岩溶型水库地震震源参数，包括地震矩、震源半径、拐角频率和应力降等的分布情况进行统计。

　　1）在地震矩的统计分析中，就向家坝和溪洛渡库区务基段的构造型水库地震垂直向和水平向地震波，溪洛渡库首区岩溶型水库地震的垂直向和水平向地震波分别进行归纳分析。从下面占比的分布来看，这两类地震在地震矩分布上，没有明显的差异，数据大小在 $10^{11} \sim 10^{12}\mathrm{Nm}$ 区间集中分布明显（图 12.7）。

　　2）在同样的限定条件下，构造型水库地震的震源半径和岩溶型水库地震的震源半径相比，存在着明显差异。发生在向家坝、溪洛渡务基区的构造型水库地震，震源半径 80% 以上小于 500m。向家坝震源半径在 100～500m 之间，溪洛渡的务基区震源半径在 0～400m 之间，两者之间虽然有不同，但变化不是很大。溪洛渡库首区岩溶型水库地震的震源半径在 200～1100m 之间，数值集中分布的范围与构造型地震相比存在明显的不同。构造型水库地震震源半径主要分布在 100～300m 之间，而岩溶型水库地震的震源半径主要分布在 400～600m 之间（图 12.8）。

　　3）在相同的限定条件下，地震波的拐角频率在向家坝、溪洛渡的务基区和库首区均有所不同。构造型水库地震中向家坝和溪洛渡务基区占比相对集中，最大占比达到 20% 左右。岩溶型水库地震的拐震频率的集中度要远远高于构造型水库地震，拐角频率在 3Hz 以下的占比达到 90% 以上（图 12.9）。

　　4）震源参数应力降在不同类型地震上有所不同，构造型水库地震的应力降主要在 $10^{-3} \sim 10^{-1}\mathrm{MPa}$ 之间，其中溪洛渡务基应力降相对较大，在 $10^{-2} \sim 10^{-1}\mathrm{MPa}$ 之间。从统计的结果来看，岩溶型水库地震应力降要小构造型水库地震 1～2 个数量级，应力降变化在几个 kPa 左右（图 12.10）。

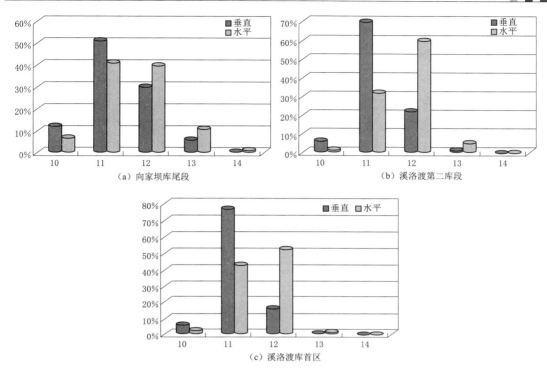

图 12.7　构造型水库地震和岩溶型水库地震地震矩统计特征

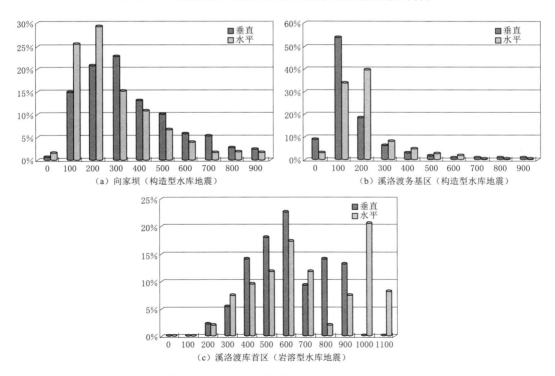

图 12.8　构造型水库地震和岩溶型水库地震震源半径统计特征

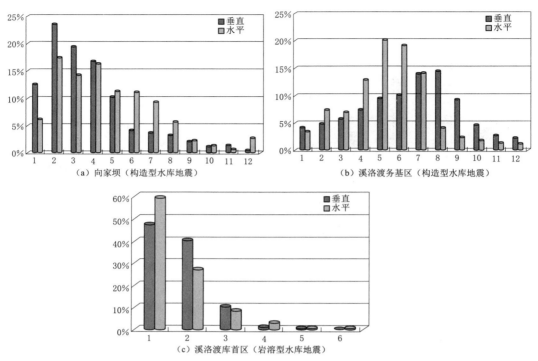

图 12.9 构造型水库地震和岩溶型水库地震拐角频率统计特征

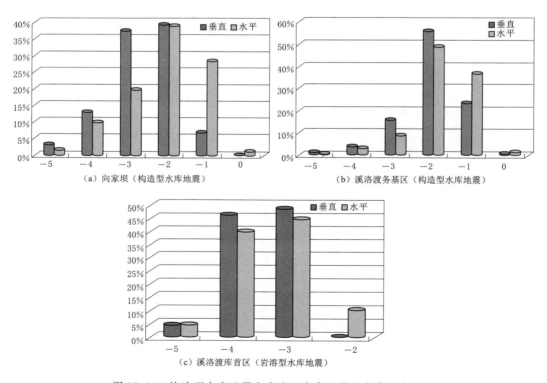

图 12.10 构造型水库地震和岩溶型水库地震应力降统计特征

12.3 结 论

溪洛渡、向家坝水电站在水库蓄水之前，水库地震监测专用台网已正式投入运行，完整记录了水库蓄水前后库区范围内地震的活动情况。这两个水电站，均进行了水库诱发地震危险性评价，划定了库区水库诱发地震危险区以及相应的诱发地震类型和震级上限。通过对水库蓄水之后库水影响范围内地震震情的变化及活动特点的分析，结合工程前期的专题研究成果，对水库诱发地震的类别进行了判别，在此基础上，分离出不同类型水库地震的地震波数据，并进行地震波时频和震源参数分析。

水库诱发地震的判别与识别，当前仍是难以攻克的学术难题。前期关于水库诱发地震的认识多基于地震参数自身和库水位的关系，定性评价是否诱发了地震，以及水库诱发地震的类型，但仅从一次地震无法判定地震的属性。本项研究在前人研究的基础上，通过对水库蓄水后水库地震的定性判别，借助大量实测数字化地震波数据，分别统计、分析不同类型地震时频、震源参数特点，从定量的角度探索不同类型水库地震的量化指标总共 23 项，具体见表 12.7。

表 12.7　　　　　　　　　　溪洛渡、向家坝水库地震判识指标

序号	地震参数类别	项目	溪 洛 渡 水 电 站			向家坝水电站
			岩溶型水库地震	构造型水库地震	天然地震	构造型水库地震
1	物理参数	发震时间	蓄水后	蓄水后	蓄水前	蓄水后
2		震中位置	小于 10km	小于 10km		小于 10km
3		地震月频次	349.5		6	95.9/11.7
4		地震能量		12.75	10.95	10.77/9.91
5		地震序列		前震—主震—余震/主震—余震		震群
6		震源空间展布	受控制	受控制		受控制
7		主压应力		NW		NW
8		震中岩性	二叠系碳酸盐岩	古生代沉积岩		古生代沉积岩
9		断裂构造	无	有		有
10		b 值	1.2	0.81	—	0.99（天然地震 0.62）
11		震源深度	小于 4km 的占比达到 95% 以上	2～6km 的范围，占比为 89.6%，小于 4km 占比只有 32%	小于 10km	小于 10km 占比 94.8%
12		震级大小	M≤3.0	M′6.0	—	M≤4.0
13	地震波	P 波初动方向	P 波向下（/83%）	四象限分布	四象限分布	四象限分布
14		S 波最大值/P 波最大值	3.52	1.14	1.22	2.02

续表

序号	地震参数类别	项目	溪洛渡水电站			向家坝水电站
			岩溶型水库地震	构造型水库地震	天然地震	构造型水库地震
15	地震波时频参数	主频	EW：1.89Hz（0~4） SN：1.86Hz（0~4） UP：3.3Hz（0~5）	EW：2.18Hz（0~4） SN：2.30Hz（0~4） UP：5.04Hz（1~6）	EW：2.6Hz（1~4） SN：2.8Hz（1~4） UP：4.5Hz（1~7）	2.45Hz 2.52Hz 4.13Hz
16		中心频率	EW：2.59Hz（1~4） SN：2.62Hz（1~4） UP：3.90Hz（1~6）	EW：3.46Hz（1~4） SN：3.62Hz（1~4） UP：6.06Hz（1~13）	EW：4.4Hz（2~7） SN：4.2Hz（2~7） UP：6.8Hz（3~8）	3.81Hz 3.96Hz 5.62Hz
17		频带范围	EW：6.27Hz（2~9） SN：6.64Hz（2~9） UP：11.68Hz（4~14）	EW：9.18Hz（2~14） SN：9.43Hz（2~14） UP：14.67Hz（5~27）	EW：12.0Hz（4~23） SN：10.7Hz（4~23） UP：19.1Hz（7~27）	9.88Hz 10.23Hz 15.59Hz
18	地震波震源参数	拐角频率	3.2Hz（2.9~3.3）	3.7Hz（3.1~4.3）	6Hz（5~7）	3.9Hz
19		震源半径	450m（420~490）	390m（310~450）	219m（210~240）	368m
20		应力降	0.0022MPa （0.0015~0.0031）	0.009MPa （0.003~0.021）	0.009MPa （0.003~0.01）	0.0264MPa
21		地震矩与拐角频率	$\lg M_0 =$ $-1.7464\lg f_0 +$ 12.365 （$R^2=0.28$）	$\lg M_0 =$ $-1.732\lg f_0 +$ 12.583 （$R^2=0.18$）	$\lg M_0$ $=-2.4649\lg f_0 +$ 12.723 （$R^2=0.21$）	$\lg M_0 =$ $-0.6753\lg f_0 +$ 12.188 （$R^2=0.045$）
22		地震矩与震级	$\lg M_0 =$ $0.7766ML +$ 10.219 （$R^2=0.25$）	$\lg M_0 =$ $0.8336ML +$ 9.9572 （$R^2=0.62$）	$\lg M_0 =$ $0.7352ML +$ 9.9737 （$R^2=0.70$）	$\lg M_0 =$ $1.2939ML +$ 9.2337 （$R^2=0.6796$）
23		应力降与地震矩	$\lg \Delta\sigma =$ $0.5206\lg M_0 -$ 8.7729 （$R^2=0.31$）	$\lg \Delta\sigma =$ $0.6814\lg M_0 -$ 10.359 （$R^2=0.51$）	$\lg \Delta\sigma =$ $0.7423\lg M_0 -$ 10.55 （$R^2=0.69$） 库首区、务基区	$\lg \Delta\sigma =$ $0.8201\lg M_0 -$ 11.897 （$R^2=0.4656$） 库尾段垂直向

参 考 文 献

［1］ 胡昌华，等. 基于 MATLAB 的系统分析与设计——时频分析 ［M］. 西安：西安电子科技大学出版社，2001.

［2］ 葛哲学，陈仲生. Matlab 时频分析技术及其应用 ［M］. 北京：人民邮电出版社，2006.

［3］ 张晔. 信号时频分析及应用 ［M］. 哈尔滨：哈尔滨工业大学出版社，2006.

［4］ 戴勇，等. 数字地震波时频分析 ［J］. 地震地磁观测与研究，2017，38 (6).

［5］ 姚家骏，杨立明，冯建刚. 常用时频分析方法在数字地震波特征量分析中的应用 ［J］. 西北地震学报，2011，33 (2).

［6］ 郑治真，编. 波谱分析基础 ［M］. 北京：地震出版社，1979.

［7］ 陈运泰，顾浩鼎. 震源理论基础 ［M］. 中国地震局地球物理研究所、北京大学地球与空间科学学院、中国科学院研究生院，2011 年 2 月北京.

［8］ 张帆，钟羽云，朱新运，等. 时频分析方法及在地震波谱研究中的应用 ［J］. 地震地磁观测与研究，2006，27 (4)：17 - 22.

［9］ 周昕，等. 珊溪水库地震与构造地震波谱时-频特征的对比研究 ［J］. 大地测量与地球动力学，2006，26 (4)：86 - 91.

［10］ 张丽芬，等. 三峡重点监视区构造地震与矿震时频谱特征分析 ［J］. 地震地质，2009，31 (4)：699 - 706.

［11］ 曹肃朝. 构造地震和塌陷地震的特征分析 ［J］. 华北地震科学，1993，11 (1)：52 - 61.

［12］ 林怀存，等. 构造地震与塌陷地震对比研究 ［J］. 地震学报，1990，12 (4)：448 - 455.

［13］ Liu G，Fomel S B，Chen X. Time - frequency analysis of seismic data using local attributes ［J］. Geophysics：Journal of the Society of Exploration Geophysicists，2011，76 (6)：23 - 34.

［14］ Han，Jiajun，Mirko van der Baan. Empirical mode decomposition for seismic time - frequency analysis ［J］. Geophysics，2013，78 (2)：9 - 19.

［15］ 赵小艳，苏有锦. 小江断裂带地震尾波 Qc 值特征研究 ［J］. 地震研究，2011，34 (2)：166 - 172.

［16］ 吴微微，苏金蓉，等. 四川地区介质衰减、场地响应与震级测定的讨论 ［J］. 地震地质，2016，38 (4)：1005 - 1018.

［17］ 李雪英，等. 张北地震序列波谱分析 ［J］. 华北地震科学，2004，22 (2)：6 - 8.

［18］ 乔慧珍，等. 瀑布沟水库库区介质衰减、台站响应和震源参数研究 ［J］. 地震工程学报，2014，36 (3)：608 - 615.

［19］ 李祖宁，周峥嵘，林树，等. 利用数字地震台网资料联合反演福建地区 Q 值、场地响应和震源参数 ［J］. 地震地质，2005，27 (3)：437 - 445.

［20］ 苏有锦，刘杰，郑斯华，等. 云南地区 S 波非弹性衰减 Q 值研究 ［J］. 地震学报，2006，28 (2)：206 - 212.

［21］ 张永久，赵翠萍. 紫坪铺水库库区介质衰减、台站响应和震源参数研究 ［J］. 地震地质，2009，31 (4)：664 - 675.

［22］ 秦嘉政. 用近震尾波估算昆明及其周围地区的 Q 值及地震矩 ［J］. 地球物理学报，1986，29 (2)：145 - 156.

［23］ 李一正，等. 滇西地区震级与地震矩标度 ［J］. 地震研究，1985，8 (6)：617 - 632.

［24］ 张永久，程万正. 用 S 波研究雅江地震序列震源波谱［J］. 中国地震，2003，19（4）：340-350.

［25］ 张永久，彭立国，程万正. 马尔康地震序列震源参数研究［J］. 中国地震，2006，22（1）：85-93.

［26］ 赵翠萍，张智强，夏爱国，等. 利用数字地震波资料研究新疆天山中东段地区的介质衰减特征［J］. 防灾减灾工程学报，2004，24（3）：300-305.

［27］ 许健生，尹志文. 地震与爆破的波谱差异［J］. 地震地磁观测与研究，1999，20（3）：18-23.

［28］ 杨马陵，陈大庆. 中国大陆水库最大诱发地震发生时间与震级的统计研究［J］. 华南地震，2012，32（4）：1-9.

［29］ 孙勇，郑斯华. 利用数字化地震记录进行震源参数和介质衰减特性的联合反演［J］. 防灾减灾学报，1995，11（2）：1-13.

［30］ 华卫，陈章立，郑斯华，等. 水库诱发地震与构造地震震源参数特征差异性研究——以龙滩水库为例［J］. 地球物理学进展，2012，27（3）：924-935.

［31］ 周昕，等. 珊溪水库地震与构造地震波谱时-频特征的对比研究［J］. 大地测量与地球动力学，2006，26（4）：86-91.

［32］ 华卫. 中小地震震源参数定标关系研究［D］. 北京：中国地震局地球物理研究所，2007.

［33］ 陈翰林，赵翠萍，修济刚，等. 龙滩水库地震精定位及活动特征研究［J］. 地球物理学报，2009，52（8）：2035-2043.

［34］ 丁原章，等. 水库诱发地震［M］. 北京：地震出版社，1989.

［35］ 国家地震局震害防御司. 地震工作手册［M］. 北京：地震出版社，1992.

［36］ 周斌，薛世峰，邓志辉，等. 水库诱发地震时空演化与库水加卸载及渗透过程的关系——以紫坪铺水库为例［J］. 地球物理学报，2010，53（11）：2651-2670.